Zvezda Bogevska

Armazenamento da variedade autóctone de cebola buchinska arshlama na República da Macedónia

Zvezda Bogevska

Armazenamento da variedade autóctone de cebola buchinska arshlama na República da Macedónia

ScienciaScripts

Imprint

Any brand names and product names mentioned in this book are subject to trademark, brand or patent protection and are trademarks or registered trademarks of their respective holders. The use of brand names, product names, common names, trade names, product descriptions etc. even without a particular marking in this work is in no way to be construed to mean that such names may be regarded as unrestricted in respect of trademark and brand protection legislation and could thus be used by anyone.

Cover image: www.ingimage.com

This book is a translation from the original published under ISBN 978-3-659-85068-4.

Publisher:
Sciencia Scripts
is a trademark of
Dodo Books Indian Ocean Ltd. and OmniScriptum S.R.L publishing group

120 High Road, East Finchley, London, N2 9ED, United Kingdom
Str. Armeneasca 28/1, office 1, Chisinau MD-2012, Republic of Moldova, Europe
Printed at: see last page
ISBN: 978-620-3-32844-8

ÍNDICE DE CONTEÚDOS

1. INTRODUÇÃO

As espécies vegetais do género Alliums pertencem à família Alliaceae. Existem 500 espécies no género Allium. As espécies mais comuns são a cebola (*Allium cepa L.*), o alho (*Allium sativum L.*) e o alho francês (*Allium porrum L.*). A caraterística comum destes três tipos, bem como da maioria das espécies do género Allium, é a presença de sulfóxido de cisteína, que confere um cheiro específico e um teor de frutanos como açúcares de reserva (Brewster J. L., 2008).

O nosso estudo presta especial atenção à cebola, que tem sido cultivada e utilizada para fins alimentares e medicinais desde os períodos mais antigos da civilização. A cebola é originária da Ásia Central (Pitrat M., Foury C., 2003), onde era cultivada antes de 4000 a.C.. Os egípcios, os gregos antigos e os romanos conheciam a cebola. Com o estabelecimento dos eslavos na Península Balcânica, a cebola passou a ser cultivada nesta região e, a partir da Grécia Antiga, difundiu-se para outras partes dos Balcãs. O seu nome na língua macedónia atual é provavelmente emprestado do nome grego para Allium cepa L. - "κρεμμύδι".

A cebola é uma cultura muito difundida, que é cultivada desde as regiões subárcticas do norte da Finlândia até aos trópicos húmidos, embora esteja melhor adaptada à produção em zonas subtropicais e temperadas. No Quénia, as cebolas são cultivadas em diferentes condições climáticas, desde zonas relativamente quentes e secas até zonas significativamente frias e húmidas, que se estendem desde a costa até altitudes elevadas (mais de 2500 m) (Kimani PM et al., 1993). A produção de cebola está a expandir-se rapidamente porque possui nutrientes específicos, sabores, propriedades dietéticas e medicinais. Os bolbos suculentos e as plantas jovens nas fases iniciais de crescimento são utilizados para fins nutricionais. A cebola pode ser utilizada fresca, cozinhada, enlatada e transformada. Na República da Macedónia, a cebola está presente na alimentação devido à especificidade dos pratos tradicionais macedónios e é utilizada durante todo o ano.

A importância da cebola na dieta está intimamente relacionada com a composição química da parte utilizada na alimentação. A composição química do bolbo depende da cultivar, das condições de cultivo e das medidas agro-técnicas utilizadas. Em geral, a cebola contém: humidade (88,6 a 92,8%), proteínas (de 0,9 a 1,6%), vestígios de gordura (0,2%), hidratos de carbono (de 5,2 a 9,0%) e cinzas (0,6%). O conteúdo energético é de 23-38 cal / 100g

(Lawande K. E., 2001).

No que respeita aos minerais (expressos em mg100g^{-1} massa fresca), a cebola contém Ca 190540; P 200-430; K 80-110; Na 31-50; Mg 81-150; Al 0,5-1; Ba 0,1-1, Fe 1,8-2,6; Sr 0,8-7; B 0,6-1; Cu 0,05-0,64; Zn 1,5-2,8; Mn 0,5-1,0; S 50-51. Entre as vitaminas (100g^{-1}), a cebola contém: vitamina D 0,3 mg; B_2 0,05 mg; ácido nicotínico, 0,2 mg;

Vitamina C 10 mg; ácido fólico 16,0 µg; biotina 0,9 µg; ácido pantoténico 0,14 mg. A glutamina e a arginina são os aminoácidos livres mais predominantes no bolbo da cebola (Lawande K. E., 2001).

De acordo com Simon D. (1990), as variedades pungentes de cebola têm mais de 15% de matéria seca, dos quais mais de 9% são açúcares, as semi-pungentes 11-14% com cerca de 7-8% de açúcares e as variedades doces com 8-11% de matéria seca, dos quais aproximadamente 6% são açúcares. O sabor picante e o odor caraterístico são o resultado do teor de óleo essencial (Agic R., 2005). Um grama de óleo de cebola é obtido a partir de 4,4 kg de cebolas frescas ou 500 g de cebola em pó (Lawande K. E., 2001). O efeito lacrimogéneo é causado pela hidrólise do sulfóxido de S-propenil cisteína.

A cebola aumenta o apetite e ajuda a digestão. Contém algumas substâncias antibióticas como os fitoncidas, utilizados na medicina alternativa para tratar dores de estômago, dores de coração e outras doenças. A necessidade média diária de cebola é de 25 g (Faruq MO *et al.*, 2003).

A cebola é cultivada em 126 países, numa área de 2,3 milhões de hectares (Lawande KE, 2001). De acordo com estudos científicos, de 1992 a 2002, a produção mundial de cebolas aumentou pelo menos 25% (cerca de 44 milhões de toneladas) em comparação com o período anterior a 1992 (Griffiths G. et al., 2002). Dados mais recentes obtidos do FAOSTAT sugerem que a produção de cebolas de 2002 a 2011 quase duplicou e atingiu cerca de 85 milhões de toneladas. Por conseguinte, a cebola é o segundo legume mais importante depois do tomate. No nosso país, nos últimos dez anos, a cebola foi cultivada numa área de 3 529 ha, com uma produção total de 49 293 toneladas e um rendimento médio de 13,97 t/ha, com tendência para aumentar (Anuário Estatístico da República da Macedónia, 2010-2015).

A nível mundial, os principais exportadores de cebola para bolbos são: Índia, Argentina, Países Baixos, Espanha, México, Turquia, EUA, Polónia, Austrália, Nova Zelândia e Chile. A Índia é o maior exportador e fornecedor mundial de cebolas picantes para os países árabes e os países tropicais muito húmidos. Os Países Baixos produzem grandes quantidades de cebola picante, que tem um longo período de armazenamento, é semeada na primavera e exportada entre setembro e abril, principalmente para a Alemanha e Inglaterra. A Holanda é também um intermediário de comercialização, importando e reexportando cebola. Os bolbos do hemisfério sul, nomeadamente do Chile, da Austrália (especialmente da Tasmânia) e da Nova Zelândia, foram exportados para o norte da Europa entre maio e julho, quando o período de armazenagem da cebola terminou no ano passado.

O abastecimento rítmico do mercado com cebolas durante todo o ano pode ser conseguido através de várias tecnologias de produção, condições de sementeira, cultivares com diferentes durações do período vegetativo e armazenamento mais longo dos bolbos.

Na República da Macedónia existe uma longa tradição e experiência no cultivo da cebola. Há zonas ou regiões típicas onde se cultivam diferentes tipos de cebola. As cebolas doces de verão "arshlami", por exemplo, são cultivadas em Polog (Gostivar) e Pelagonija (Buchin), as cebolas picantes "arpadzici" em Skopje, Kumanovo, Strumica e Sveti Nikole e as cebolas doces de inverno "arshlami" são cultivadas em Veles (v. Bashino), para a cebola verde (plantas jovens), e na parte sul de Povardarie para bolbos. Para cada uma destas zonas existem especificidades na tecnologia de produção e na tecnologia de armazenamento. Para este estudo, utilizámos a cebola doce de verão "arshlama" cultivada na aldeia de Vogjani, também chamada Buchinska, porque, para além desta aldeia, é produzida em grandes quantidades nas aldeias de Buchin, Pashino Ruvci e Bela Crkva. Trata-se de uma raça autóctone local, cultivada há anos e tradicionalmente armazenada de forma específica.

O objetivo desta investigação foi:

&■ Estudos comparativos deste tipo de cebola armazenada de forma tradicional e em câmara fria;

&■ Monitorização das perdas durante o armazenamento de forma tradicional e em câmara frigorífica.

2. REVISÃO DA LITERATURA

"A cebola é a rainha da cozinha", disse Selvaraj (1976) de acordo com a citação de Kukanoor L. (2005). Na sequência do crescimento da produção e do consumo de cebola a nível mundial, a cebola suscita grande interesse entre os investigadores. A cebola inspirou muitos autores, pelo que, neste capítulo, foram citados muitos autores estrangeiros e nacionais que trabalharam em práticas de pré-colheita e pós-colheita da cebola, bem como na época de colheita, cura, armazenamento e embalagem da cebola. Além disso, neste capítulo, são apresentadas disposições prescritas sobre a qualidade da cebola fresca em termos de comercialização no mercado nacional e internacional.

1.1. Influência dos factores e medidas pré-colheita na qualidade da cebola e nas perdas durante o armazenamento da cebola

Os factores climáticos desempenham um papel importante no crescimento das plantas, na formação do rendimento e na criação de bolbos de alta qualidade. Além disso, os factores afectam o conteúdo de substâncias minerais no bolbo (Lazic B., 1971). Com base nos resultados anteriores sobre a influência da nutrição mineral no rendimento, Lazic examinou o impacto dos elementos da nutrição mineral no rendimento, na qualidade e no armazenamento dos bolbos. O mesmo autor, citando a investigação de Sifrina A. N. (1938), afirma que o fósforo tem o efeito mais favorável na acumulação de hidratos de carbono no bolbo. Segundo este autor, dez dias antes da maturação (fase em que o colo do bolbo está fechado e as escamas exteriores do bolbo estão completamente secas) há uma ligeira diminuição da matéria seca nos bolbos. É o resultado de um fraco influxo de assimilação das folhas já secas. Nesse período, a formação de folhas suculentas fechadas, parcialmente formadas, termina como resultado da acumulação de matéria seca no bolbo. O teor de açúcares totais nas folhas abertas e fechadas do bolbo tem um papel importante no armazenamento, pelo que a qualidade do bolbo está relacionada com o teor mais elevado de açúcares nas folhas carnudas fechadas do bolbo. Simon D. (1980) afirma que os bolbos com maior quantidade de açúcares, em especial dissacáridos, podem ser armazenados durante mais tempo, mas nos tipos doces de cebola a quantidade total de açúcares é significativamente menor e atingiu uma média de 4,73% em "lazhechki" e 5,50% em "gostivarski" ("buchinski" 4 95%). O mesmo autor verificou que, em média, os tipos de cebola doce têm menos 25,7% de substâncias azotadas em comparação com os tipos de cebola picante.

Biswas S.K. et al. (2010) investigaram o rendimento e o armazenamento da cebola BARI Piaj-1 utilizando cinco regimes de irrigação: sem irrigação, com um intervalo de 10, 15, 20 e 30 dias. Verificou-se que, após 6 meses de armazenamento (primeira semana de abril e primeira semana de outubro), foram observadas perdas máximas de peso (56,72%) na cebola irrigada com um intervalo de 10 dias, e perdas mínimas (46,80%) no tratamento sem irrigação. O mesmo autor afirma que o teor de matéria seca dos bolbos apresentou uma tendência decrescente com a irrigação frequente.

Suojala T. (2001) afirma que a época de plantação não tem um impacto claro na capacidade de armazenamento da cebola que foi cultivada a partir de plântulas. Faruq M.O. et al. (2003) investigaram a época óptima de plantação, rendimento e armazenamento de cebola no Bangladesh. A cebola foi plantada a 22 de novembro, 7 de dezembro e 22 de dezembro, e armazenada na areia e em local aberto numa plataforma de bambu. Nos três períodos de plantação acima referidos, a percentagem de podridão foi mais elevada (15,51%, 8,66% e 8,34%, respetivamente) do que a dos bolbos armazenados em areia. As maiores perdas de peso (29,21%) e brotações (1,98%) foram obtidas com o plantio da cebola no dia 22 de novembro e armazenamento em estrado de bambu.

Grevsen K. e Sorensen JN (2004) sugerem que as práticas de produção que conduzem a um teor mais elevado de matéria seca nos bolbos de cebola colhidos parecem prolongar o período de dormência, mas os resultados de experiências reais com diferentes variedades mostraram que o teor elevado de matéria seca não reduz a tendência para a germinação.

Chandler F. (1994) observou que, nas Caraíbas, as doenças e a germinação são os principais factores que contribuem para as perdas durante o armazenamento, sendo o bolor negro, causado por Aspergillus niger, a doença mais comum durante o armazenamento. A infeção começa no campo 6 semanas antes da colheita da cultura. Tyson JL e Fullerton RA (2004) encontraram uma forte correlação positiva entre o número de esporos no solo e o aparecimento de bolor negro em condições de armazenamento favoráveis ao desenvolvimento do bolor. Estes autores sugerem que a maior presença deste bolor no solo ocorreu em campos onde recentemente não houve rotação de culturas. Na Bielorrússia, foi efectuado um estudo de 207 variedades e híbridos. A experiência mostrou que 62,1% destas variedades tinham uma fraca resistência a doenças durante o armazenamento. Variedades resistentes ao apodrecimento do colo dos bolbos: Vetraz, Kryvicki ruzowyj, Jantarnyj, Mestnyj, Szetana, Citausskij, Durko, Strigunowskij mestnyj, e os híbridos n.º 68, 136, 249, 701, 718, 733, 1738,

1743, 9302 e 9717 podem ser recomendados como potenciais para seleção (Kupreenko N.P., 2005).

Kimani P. M. et al. (1993) observaram que a interação entre variedade e ano era significativa para bolbos germinados. Estes autores recomendaram que cada país deveria fazer a escolha de variedades para regiões agro-ecológicas específicas. Ullah M.H. et al. (2008) constataram que as perdas totais de massa, bem como as perdas causadas pelo apodrecimento, sofreram influência significativa da fertilização com enxofre. A perda máxima de peso (40,78%) foi observada após 180 dias de armazenamento na variante adubada com 60 kg/ha de S e as perdas mínimas (31,40%) foram estabelecidas na variante adubada com 45 kg/ha de S. Estes autores observaram que a utilização de doses mais elevadas de cálcio sob a forma de gesso (400 kg/ha), uma dose mais baixa de azoto sob a forma de ureia (50 kg/ha) e uma colheita mais precoce da cebola durante cerca de quinze dias podem reduzir significativamente o apodrecimento dos bolbos durante o armazenamento.

Estudos mais recentes mostram que a fertilização com enxofre não teve impacto significativo no prazo de validade dos bolbos de cebola e não existe uma correlação significativa com as perdas totais durante o armazenamento dos bolbos de cebola (Thangasamy A. et al., 2013).

O principal objetivo da investigação levada a cabo por Syed N. et al. (2001) era observar se a aplicação de potássio prolongava o período de conservação e se a aplicação de azoto encurtava o período de conservação. Estes autores não obtiveram resultados favoráveis. Ao contrário deles, Wittwer SH et al. (1950) enfatizaram que o brotamento e o enraizamento em cebolas mantidas a 12° C durante cinco meses foram completamente evitados pelo tratamento foliar de hidrazida maleica a uma concentração de 2500 ppm, duas semanas antes da colheita dos bolbos, enquanto o brotamento foi parcialmente evitado com a aplicação de 500 ppm de hidrazida maleica.

Toledo J. et al. (1984) verificaram que os tratamentos pré-colheita com hidrazida maleica, paraquato e revolvimento dos topos tinham um impacto significativo na perda de peso, no teor de matéria seca ou na alteração da firmeza durante o armazenamento. Benkeblia N. (2004) investigou o impacto da hidrazida maleica e de diferentes temperaturas nos parâmetros fisiológicos dos bolbos de cebola armazenados e concluiu que a taxa de respiração nos bolbos depende da intensidade do stress inicial causado pela hidrazida maleica.

Na Índia, a aplicação foliar pré-colheita é efectuada através de substâncias químicas como a hidrazida maleica, o cicocel, a estreptociclina, o carbendazime e o benomil ou as suas combinações. Isto facilita grandemente a manutenção da qualidade dos bolbos de cebola durante o armazenamento em termos de inibição de germinação, apodrecimento e redução da perda fisiológica de peso (Kukanoor L., 2005). O mesmo autor, na sua investigação, verificou que a aplicação pré-colheita de hidrazida maleica a uma concentração de 2500 ppm 15 dias antes da colheita conduziu a perdas mínimas de peso (14,36%), germinação (7.57%), comprimento do rebento (3 , 70cm) e um teor de ácido ascórbico (7,71 mg / 100g), matéria seca solúvel (13,55%) açúcar não redutor (5,71%) teor de açúcar total (8,35%), matéria seca (14 , 03%) e uma percentagem máxima de bolbos comercializáveis (67,63%). Além disso, a taxa mínima de perda de peso fisiológico (12,13%), brotamento (6,07%), comprimento do broto (3,45 cm), apodrecimento (6,88%) e mofo preto (6,50%) e um teor de ácido ascórbico (8,04 mg / 100g), matéria seca solúvel (13.70%), açúcar não redutor (5,74%) e teor de açúcar total (8,49%) foram obtidos com a aplicação pré-colheita de carbendazim 1000ppm + 2500 ppm de hidrazida maleica duas semanas antes da colheita. Resultados semelhantes foram obtidos com o uso de benomyl 1200 ppm + hidrazida maleica 2500 ppm.

Para resolver o problema da germinação da cebola, Agic R. et al. (2011) utilizaram um retardador (Royal MH-30). Este produto foi aplicado pela primeira vez em 2008 na região de Gostivar a nível experimental e apresentou óptimos resultados. As diferenças nas perdas por brotamento foram maiores quando a temperatura começou a subir em abril e maio, onde as perdas na caixa de controlo ascenderam a mais de 70%. Matkovic H. (2012) verificou que as maiores perdas de peso (8%) foram observadas nos bolbos de controlo que não foram tratados com hidrazida maleica quando houve 100% de queda de copa e quando os bolbos foram armazenados em condições ambientais. As perdas mais baixas (4,1%) foram registadas nos bolbos tratados com hidrazida maleica quando 50% do topo da planta caiu (16 dias após o tratamento) e com armazenamento em câmara fria 0-2° C. As perdas de massa foram significativamente reduzidas a baixas temperaturas numa câmara frigorífica. Além disso, a percentagem de bolbos germinados tratados com hidrazida maleica e mantidos numa câmara fria (0-2° C) foi de 1 a 4% durante o período de conservação (três semanas a 20°C), enquanto que nos bolbos não tratados a percentagem de germinação foi de 4 a 15%. Ao mesmo tempo, a percentagem de germinação nos bolbos que foram armazenados em condições ambientais sem tratamento com hidrazida maleica após um período de vida útil foi de 18 a 24%, enquanto que nos bolbos tratados não excedeu mais de 6%. A percentagem de germinação foi de 2-5%

em bolbos tratados com hidrazida maleica numa quantidade de 12l/ha. Ilic Z. *et al.* (2011) descobriram que a percentagem de germinação em bolbos tratados com hidrazida maleica em condições de armazenamento a frio 0-1°C não excedeu mais de 1 a 4% após três semanas de vida útil a 18°C, enquanto as perdas de bolbos não tratados variaram de 4 a 15%.

A investigação recente em países em desenvolvimento como a Etiópia, onde as perdas pós-colheita ascenderam a 30%, tem como objetivo determinar a distância entre fileiras mais adequada e uma seleção de variedades de cebola com um rendimento elevado e uma maior capacidade de armazenamento. Para este efeito, Kahsay Y. et al. (2013) examinaram três distâncias entre fileiras diferentes (5, 7,5 e 10 cm) e quatro variedades de cebola: Adama red, Bombay red, Melkam e Nasik red. A variedade Bombay Red deu mais rendimentos, para além de ser mais precoce e adequada para consumo direto, mas se fosse utilizada para armazenamento deveria ter sido objeto de um tratamento cuidadoso. A variedade Melkam apresentou rendimentos mais elevados e melhor qualidade durante o armazenamento. As variedades vermelhas Nasik e Adama revelaram-se superiores em termos de propriedades qualitativas, como os sólidos solúveis, o teor de matéria seca e a duração do armazenamento. Para além disso, a distância entre linhas de 7,5 cm revelou-se a melhor em termos de rendimento, qualidade e armazenamento.

1.2. Colheita

A armazenagem começa no campo com a colheita dos bolbos de cebola. A colheita dos bolbos de cebola deve ser efectuada quando o tempo está seco, pois a colheita após as chuvas ou durante a humidade elevada do ar aumenta a suscetibilidade às doenças. Durante a colheita, os bolbos devem estar firmes, com as escamas exteriores secas e o colo fechado e de tamanho adequado. Mesmo durante a colheita, os bolbos defeituosos (danificados por insectos, com queimaduras solares, imaturos e rachados) devem ser rejeitados (Agblor S. e Waterer D., 2001).

Ilin Z. (2011) afirmou que a altura certa para colher a cebola continua a ser muito importante. Segundo ele, existem dois conceitos básicos: a cebola é colhida quando atinge o rendimento máximo e quando os topos estão secos e é colhida quando 50-80% dos topos caem. Todos os ensaios demonstraram que o rendimento da cebola aumenta até à queda da folhagem. Este autor afirmou ainda que o momento ideal para a colheita da cebola em climas secos e quentes é mais tarde do que em climas húmidos e frios. Opara L.U. (2003) aconselhou que a colheita dos bolbos de cebola deve ser efectuada quando 70-80% dos topos da cultura caem, embora possa começar mais cedo quando 5080% dos topos caem antes de as escamas secas exteriores estalarem. Ilic Z. e Fallik E. (2002) afirmaram que a colheita de cebolas é efectuada quando 50% das plantas caem. Se a percentagem de plantas que caem for de 20-50%, reduz-se a germinação durante o armazenamento, mas o rendimento total diminui 15% em comparação com a colheita quando 80% dos topos caem (Ilic Z. *et al*, 2009). Os resultados de Suojala T. (2001) mostraram que a colheita da cebola pode ser atrasada até 100% da maturidade sem aumentar as perdas comerciais durante o armazenamento ou reduzir a qualidade durante o período de conservação. Na maioria das experiências, a armazenagem não foi prejudicada mesmo que a colheita fosse efectuada 2-4 semanas após a queda de 100% dos topos. A colheita de cebolas antes de 50% da maturidade resultou em enormes perdas durante o armazenamento e num elevado grau de germinação.

As cebolas são colhidas manualmente e com máquinas. A colheita manual consiste em arrancar as cebolas do solo, ao passo que a colheita mecanizada é geralmente efectuada em duas fases (primeiro as cebolas são retiradas do solo e deixadas em tiras para curar durante 5 a 10 dias, sendo depois recolhidas e levadas para instalações de armazenamento).

1.3. Cura

A cura é a operação mais importante na tecnologia pós-colheita das cebolas. Esta operação reduz as perdas pós-colheita e a perda de peso, uma vez que o excesso de humidade é removido das escamas exteriores e do pescoço para um nível que minimiza a perda e o enrugamento do interior, o que leva a uma redução da infeção microbiana (Kukanoor L., 2005). Se a secagem for efectuada no campo, a temperatura não deve ser inferior a 24°C. Para além da secagem natural, pratica-se a secagem por ar forçado. Os melhores resultados são obtidos a uma temperatura de cerca de 38° C e uma humidade relativa não superior a 80% durante um período de cerca de uma semana (Ilic Z. *et al.*, 2009; Matkovic H., 2012).

Uma vez que os bolbos são vendidos de acordo com a sua massa, o nível desejado de desidratação é crítico, pois a massa dos bolbos é reduzida pela cura. Perdas de peso de 3 a 5% são normais para condições ambientais e 10% para secagem artificial (forçada) (Opara L.U., 2003).

Em Inglaterra, desde 1975, é aplicado um fluxo de ar quente de 26-28° C para a cura dos bolbos. É necessário remover o excesso de humidade durante três dias. Em seguida, as cebolas são armazenadas a 25°C durante 3 a 4 semanas, com ventilação de 2 a 4 horas por dia, até que o colo esteja bem seco. Em seguida, a temperatura é reduzida para 0,5° C e mantida a 0°C numa câmara frigorífica. Os sistemas modernos de cura têm uma capacidade de 2000 t (O'Connor D., 2005).

1.4. Armazenamento

Após a cura, os bolbos de cebola são colocados em armazém. O objetivo do armazenamento de bolbos de cebola é satisfazer as necessidades dos clientes e aumentar a disponibilidade de cebolas, mantendo ao mesmo tempo a qualidade (Abrameto MA et. Al., 2010). No nosso país, Agic R. *et. al.* (1997) investigaram a dinâmica da perda durante o armazenamento de 5 variedades semi-pungentes introduzidas, produzidas por sementeira direta em salas ventiladas sem condições controladas, de meados de outubro a meados de março. Durante o armazenamento, as principais perdas foram devidas ao rebentamento, enquanto que, em termos de perdas globais, as menores foram observadas na variedade Moldavski (50%) e as maiores na variedade com o período vegetativo mais curto Texas Grano (91%). Na Dinamarca, a maioria das variedades de cebolas é armazenada em salas onde o arrefecimento é conseguido forçando o ar fresco do exterior através de uma pilha de cebolas de 3 m de altura (Grevsen K. e Sorensen J.N., 2004). Uma melhor ventilação e uma humidade baixa de 70-75% são essenciais para o sucesso do armazenamento a baixas temperaturas. Para manter uma boa qualidade, o período de armazenamento varia, mas pode ser armazenado até 200 dias (Opara L.U., 2003).

A temperatura óptima para um armazenamento prolongado de cebolas é de 0°C com 65-70% de humidade relativa (Ilic Z. e Fallik E., 2002; Agblor S. e Waterer D., 2001). Para assegurar uma boa armazenagem da cebola durante 8 meses, esta deve ser armazenada imediatamente após o período seco. A exposição à luz logo após o período seco favorece a coloração verde das escamas externas. As cebolas podem ser armazenadas a temperaturas superiores a 25°C com uma humidade relativa de 75-85%, o que é necessário para reduzir as perdas de água. O armazenamento a temperaturas de 25 a 30°C reduz a germinação e o enraizamento, em comparação com o armazenamento a uma temperatura mais baixa (10-20° C) (Opara L.U., 2003).

Entre as variedades que se caracterizam por um longo potencial de armazenamento, não há benefício útil da aplicação de atmosfera controlada. O bolbo pode ser danificado se, na atmosfera de armazenamento, o teor de O_2 for inferior a 1% e o teor de CO_2 for superior a 10%. A utilização comercial de atmosfera controlada de 3% de O_2 e 5-7% de CO_2 é recomendada para o armazenamento de variedades de cebola doce com baixo potencial de armazenamento (Ilic Z. *et al.*, 2009).

De acordo com Brewster J. L. (2008), a desordem fisiológica das escamas aquosas pode aparecer durante o armazenamento. Este fenómeno apareceu pela primeira vez no norte da Europa, na Noruega, nos anos 70 e 80, devido a níveis mais elevados de CO_2 superiores a 13%. Esta causa primária das escamas aquosas é designada por "teoria do estrangulamento". As colheitas tardias, as temperaturas elevadas utilizadas para a secagem ou a cura, bem como um período de cura mais longo podem ser razões para o aparecimento de escamas aquosas.

As recomendações para evitar esta doença incluem:

- Colheita precoce (o mais tardar 50-80% da queda das folhas);

- Manuseamento cuidadoso das cebolas;

- Evitar condições de colheita húmidas;

- Secagem em caixas e não em pilhas profundas para evitar a pressão sobre o colo da cebola;

- Temperaturas de secagem <25° C. Temperaturas de cura superiores a 25° C têm sido recomendadas quando se pretende obter peles de cor escura.

A investigação mais recente sobre o armazenamento a longo prazo da cebola "sunpower" na Coreia, num local escuro numa sala de armazenamento equipada com um sistema de ar condicionado a uma temperatura de 2025°C e o armazenamento numa estufa com temperatura controlada (20-25°C) e luz solar exposta, mostrou que a perda de peso após 30 semanas de armazenamento foi de 41,55% e 28%, respetivamente (Sharmaa K. *et al.*, 2015)

1.5. Embalagem

As cebolas são geralmente embaladas em sacos de malha (rede) de 1 a 25 kg (Simon D., 1990).

Para o comércio a retalho, de acordo com Chandler F. (1994), recomenda-se a utilização de pequenos sacos de rede, mas se não for possível evitar os sacos de plástico, estes devem ser utilizados com um tamanho máximo que não exceda 1,4 kg. Estes sacos devem ser perfurados com orifícios de 6 mm de diâmetro. Os sacos devem ter 10-15 furos por cada 450 g de bolbos de cebola. Além disso, as cebolas para venda a retalho podem ser vendidas em pré-embalagens com uma capacidade de 0,1 a 1,5 kg (Opara L.U., 2003).

1.6. Influência dos factores e medidas pós-colheita na qualidade da cebola e nas perdas durante o armazenamento da cebola

Os bolbos de qualidade podem ser obtidos no campo durante os processos de produção. Após a colheita, a qualidade dos bolbos não pode ser melhorada, mas através da aplicação de medidas adequadas pode ser preservada e armazenada durante mais tempo, embora as perdas sejam inevitáveis. Imediatamente após a colheita, uma das principais medidas é a secagem ou "cura". De acordo com Opara L.U. (2003), a maneira tradicional de secar cebolas é feita no campo em filas e este processo é chamado "windrowing". Os bolbos recolhidos são dispostos na superfície do solo para secar durante 1-2 semanas. Obviamente, o êxito da secagem no campo depende das condições meteorológicas e, por conseguinte, não pode ser utilizado para fins mais vastos de produção comercial de cebolas. Os bolbos colhidos podem também ser retirados diretamente do campo e secos artificialmente num armazém, sob um beiral, num celeiro ou num secador especial para este efeito. Este método é geralmente utilizado quando os bolbos são armazenados a granel, mas pode ser aplicado a sacos, caixas ou contentores.

Kukanoor L. (2005) explorou diferentes métodos de secagem e verificou que a secagem dos bolbos à sombra durante 15 dias + a cobertura dos bolbos 15 dias após a colheita, resultou numa perda mínima de peso (13,56%), de rebentos (9.36%), no comprimento dos rebentos (4,10cm), na podridão (16,70%), na perda de escamas secas (11,98%) e no teor de sólidos solúveis totais (13,20%), açúcares não redutores (5,11%), açúcares totais (7,76%) e matéria seca (13,98%). Nesta variante foi atingida a máxima firmeza (10,32 kg/cm^2), coloração dos bolbos (4,50/5,00) e bolbos comercializáveis (67,35%). Resultados semelhantes foram obtidos quando a cura foi de 15 dias a 50% de sombra + desponta dos bolbos 7 dias após a colheita. O mesmo autor afirmou que a desinfeção com enxofre (2 g/kg de bolbos) resultou na menor perda de peso (11,44%), brotamento (2,08%), comprimento dos rebentos (7,20 cm), teor de ácido ascórbico (7,80 mg/100 g de bolbos), sólidos solúveis totais (13.50%), açúcares não redutores (5,69%), açúcares totais (8,41%) e teor de matéria seca (13,32%) durante 90 dias de armazenamento, enquanto as menores perdas por podridão (7,48%) e podridão negra (8,00%) foram observadas com o uso de carbendazim (0,10%). A maior percentagem de bolbos comercializáveis (76,70%) foi observada nos bolbos que foram desinfectados com enxofre.

Benkeblia N. e Selselet-Attou G. (1999) investigaram o papel do etileno na germinação de bolbos de cebola. Para tal, os bolbos de cebola foram injectados com uma solução de 100 ppm de etefão (ácido 2-cloroetilfosfónico). Uma injeção de 1 ml foi aplicada no centro de cada bolbo. Para além do etileno, utilizaram tiossulfato de prata, enquanto os bolbos não arrefecidos foram mergulhados pela sua base numa solução de STS 0,2 mM durante 24 h. Depois, foram secos a 40°C durante 15 min. Os resultados deste estudo indicaram que o ethephon, por si só, não teve um efeito significativo na quebra de dormência e na germinação de bolbos de cebola. No entanto, em combinação com o tratamento a frio, o ethephon promoveu a germinação e o seu papel no desenvolvimento do botão interno pareceu eficaz. O tiossulfato de prata atrasou ligeiramente o desenvolvimento dos rebentos.

Com o objetivo de encontrar métodos ecológicos e pouco dispendiosos para evitar o brotamento e o apodrecimento dos bolbos de cebola, Qadir A. et al. (2007) examinaram o impacto do etanol (0,34, 0,68 e 0,91g,kg-^{1}) a 0, 10, 20 e 30°C e 100% de CO_2 (3,5, 7 e 14 dias) na qualidade de duas variedades de cebola Tazan e Iyomante. Os tratamentos com etanol atrasaram o enraizamento, a germinação e o aparecimento de doenças em ambas as variedades. A análise química, bem como os testes organolépticos, mostraram que os tratamentos não afectaram negativamente a qualidade das cebolas. Foram observadas maiores perdas de enraizamento e brotação com a utilização de 100% de CO_2 durante 3,5 a 7 dias, enquanto o tratamento de 14 dias teve pouco efeito inibidor. No entanto, são necessários mais estudos para elucidar os efeitos fisiológicos de fundo destes tratamentos.

Ilic Z. *et al.* (2009) descobriram que durante o armazenamento de 6 meses (novembro a abril) numa câmara fria 0-2° C, apenas 1-6% dos bolbos, dependendo da variedade, germinaram. Após algum tempo, ou quando a germinação começa, pode ocorrer um aumento significativo dos açúcares redutores (glucose ou frutose). Dependendo da variedade, o teor de açúcares totais (4,5 a 10,5%) diminui ligeiramente durante o armazenamento a longo prazo (dependendo da temperatura de armazenamento), enquanto se registaram poucas alterações no teor de matéria seca entre o nível inicial e o nível após 6 meses de armazenamento. Durante a armazenagem, Benkeblia N., 2004 afirmou que a 10 e 20 °C era visível a germinação dos bolbos de cebola após 6 e 10 semanas, enquanto a 4 °C era visível após 16 semanas.

Baninasab B. e Rahemi M. (2006) investigaram o impacto das temperaturas constantes de 15,

25 e 35°C no armazenamento de duas variedades de cebola Yellow Sweet Spanish e Azarshahr durante um período de 90 dias. Em ambas as variedades, a germinação dos bolbos foi inibida a temperaturas mais elevadas em comparação com o armazenamento a baixas temperaturas. Na variedade de cebola Yellow Sweet Spanish e Azarshahr, a germinação diminuiu de 40,3 e 22,3% a 15°C para 3,4 e 1,2% a 35°C, respetivamente. Em ambas as variedades, a germinação atingiu um máximo a 25°C e depois diminuiu. As perdas de massa destas duas variedades de cebola aumentaram com o aumento das temperaturas e do tempo de armazenamento.

Brewster J.L. (2008) afirma que o ácido abscísico, (ABA), afecta o período de dormência dos bolbos. Está estabelecido que, durante o armazenamento, a concentração de ABA diminui progressivamente (exponencialmente) e atinge valores mínimos quando se inicia a germinação. A imersão dos bolbos ou a pulverização pré-colheita com ABA ou o seu análogo (éster metílico de 8'-metileno ABA) é praticada para prolongar o período de armazenamento. O mesmo autor afirma que a germinação pode ser evitada através da utilização de gás etileno numa concentração de 100 ppm ($115mg/m^3$).

A prevenção máxima da germinação pode ser conseguida com radiação gama, que é efectuada o mais cedo possível após a colheita e a cura, quando os bolbos se encontram na fase natural do período de dormência, com uma dose de 0,02 a 0,12 kGy. O escurecimento dos gomos, como resultado da radiação, ocorre independentemente das diferenças de variedade, do tempo de radiação após a colheita, da dose de radiação, das condições de armazenamento após a irradiação, embora estes factores possam alterar a intensidade e o grau de escurecimento dos gomos. O escurecimento interno dos gomos em bolbos irradiados pode ser evitado através da armazenagem a baixas temperaturas (International Consultative Group on Food Irradiation, 1997).

1.7. Disposições gerais de qualidade para a cebola

A qualidade pode ser definida como o grau ou nível de propriedades existentes e importantes de um produto que cumpre os requisitos ou critérios estabelecidos. Também Ilic Z. *et al.* (2009) referiram que a qualidade é um conjunto de caraterísticas internas e externas influenciadas por vários requisitos do mercado.

Para a produção fresca, neste caso, as cebolas devem ter critérios claramente definidos para avaliar a qualidade do produto que está a ser comercializado. Estes requisitos foram claramente definidos na antiga Jugoslávia nas regras aplicáveis aos produtos agrícolas frescos (Jornal Oficial da Jugoslávia 27/1964 e 25/1965), que foram alteradas em 29 de junho de 1979. De acordo com esses requisitos, as cebolas eram classificadas em duas categorias.

As cebolas da categoria I devem ter bolbos inteiros e intactos, inteiros, sem qualquer sinal de germinação, uniformes quanto à forma, tamanho e cor, com escamas exteriores secas e finas, colo fino com raízes adventícias murchas e encurtadas ou sem raízes e diâmetro mínimo de 40 mm. As cebolas destinadas a uma conservação prolongada devem apresentar, pelo menos, duas escamas exteriores secas. A unidade de embalagem pode apresentar até 5% de bolbos com lesões mecânicas e danos causados por doenças das plantas e pragas.

As cebolas da categoria II podem ter bolbos que não sejam uniformes em termos de forma e cor. Pode haver um total de 10% de pequenos danos causados por doenças e pragas e pequenos danos mecânicos, e a unidade de embalagem pode ter 10% de bolbos em fase inicial de germinação, e o diâmetro das cabeças pode ser inferior a 40 mm, mas não inferior a 30 mm.

Os bolbos de cebola devem ter um diâmetro de 30 a 40 mm, de 40 a 50 mm, de 50 a 60 mm e superior a 60 mm. Os bolbos de cebola são acondicionados em grandes caixas abertas e pouco profundas (JUS D.F1.022), caixas para maçãs (JUS D.F1.037), caixas para legumes profundas (JUS D.F1.028), caixas de cartão, caixas para legumes pouco profundas (JUS DF 1.029), sacos de juta n.ºs 3 e 4 (JUSF.G4.020) e sacos de plástico. 3 e 4 (JUSF.G4.020) e em sacos de fibras sintéticas. Além disso, de acordo com este regulamento, as cebolas podem ser entregues em embalagens abertas (a granel).

Atualmente, existe na República da Macedónia um regulamento sobre as normas mínimas de qualidade para frutas e produtos hortícolas destinados à transformação e normas de comercialização específicas para frutas e produtos hortícolas frescos de qualidade destinados ao consumo, publicado no Jornal Oficial da República da Macedónia, número 91, ano LXVII de 6 de julho de 2011. Especifica as normas de qualidade de acordo com a norma UNECE, que é uma norma internacional utilizada para a comercialização e o controlo da qualidade comercial efectuado pelo grupo de trabalho sobre a normalização dos produtos perecíveis formado pelo Conselho dos problemas agrários na Comissão Económica das Nações Unidas para a Europa. As normas de qualidade para produtos frescos de cerca de 3 variedades de legumes (tomate, pimentos doces, alface, folhas enroladas e folhas largas (endívias batavianas) são apresentadas neste livro de regras. No que se refere às cebolas, apenas é indicada a norma para a transformação, que é idêntica à norma para as cebolas frescas indicada nas regras relativas aos produtos agrícolas frescos na antiga Jugoslávia acima mencionadas.

De acordo com a norma UNECE ffv-25 relativa à comercialização e ao controlo da qualidade comercial das cebolas (2010), são estabelecidas as seguintes disposições

I. Definição de produto

A presente norma diz respeito às cebolas das variedades (cultivares) do grupo *Allium cepa* L. Cepa que se destinem a ser apresentadas ao consumidor no seu estado natural, com exclusão das cebolas verdes com folhas inteiras e das cebolas destinadas a transformação industrial.

II. Disposições relativas à qualidade

O objetivo da norma é definir as caraterísticas de qualidade que as cebolas devem apresentar no estádio de controlo de exportação depois de acondicionadas e embaladas.

No entanto, se forem aplicados nos estádios posteriores à exportação, os produtos podem revelar-se conformes às exigências da norma:

• uma ligeira falta de frescura e turgidez,

• uma ligeira deterioração devida ao seu desenvolvimento e à sua tendência para perecer. O detentor/vendedor dos produtos não pode expô-los, colocá-los à venda, entregá-los ou comercializá-los de outra forma que não seja em conformidade com esta norma. O detentor/vendedor é responsável pela observância dessa conformidade.

A. Requisitos mínimos

Em todas as classes, sob reserva das disposições específicas de cada classe e das tolerâncias admitidas, as lâmpadas devem ser:

• intacto,

• sãos; são excluídos os produtos que apresentem podridões ou alterações que os tornem impróprios para consumo,

• limpos, praticamente isentos de matérias estranhas visíveis,

• sem danos causados pela geada,

- suficientemente secas para o uso a que se destinam (no caso das cebolas para conservação, pelo menos as duas primeiras peles exteriores e o caule devem estar completamente secos),

- sem caules ocos ou duros,

- praticamente livre de pragas,

- isento de danos causados por parasitas que afectam a polpa,

- isento de humidade externa anormal,

- isento de odores e/ou sabores estranhos.

Além disso, os caules devem ser torcidos ou cortados de forma limpa e não devem exceder 6 cm de comprimento (exceto no caso das cebolas em fio).

O desenvolvimento e o estado das cebolas devem ser de molde a permitir-lhes:

- para resistir ao transporte e ao manuseamento,

- chegar em condições satisfatórias ao local de destino.

B. Classificação

As cebolas são classificadas em duas categorias, como a seguir se define:

(i) Classe I

As cebolas classificadas nesta categoria devem ser de boa qualidade. Devem apresentar as caraterísticas da variedade e/ou do tipo comercial em causa.

As lâmpadas devem ser:

- firme e compacto,

- sem rebentos visíveis para o exterior,

- isentos de inchaço causado por um desenvolvimento vegetativo anormal,

- praticamente isentas de tufos de raízes; no entanto, no caso das cebolas colhidas antes da maturação completa, são admitidos tufos de raízes.

Podem, no entanto, apresentar os ligeiros defeitos a seguir indicados, desde que estes não prejudiquem o aspeto geral do produto, nem a sua qualidade, conservação e apresentação na embalagem:

- um ligeiro defeito de forma,

- ligeiros defeitos de coloração,

- manchas ligeiras que não afectam a pele exterior, desde que não cubram mais de um quinto da superfície do bolbo,

- fissuras superficiais e ausência parcial das películas exteriores, desde que a carne esteja protegida.

(ii) Classe II

Esta classe inclui cebolas que não podem ser incluídas na classe I, mas que satisfazem os requisitos mínimos acima especificados.

Os bolbos devem ser razoavelmente firmes.

Podem apresentar os defeitos a seguir indicados, desde que mantenham as caraterísticas essenciais de qualidade, conservação e apresentação: - defeitos de forma, - defeitos de coloração, - vestígios devidos à fricção,

- ligeiras marcas causadas por parasitas ou doenças,

- pequenas fissuras cicatrizadas,

- ligeira contusão cicatrizada,

- tufos de raízes,

- manchas que não afectam a pele exterior, desde que não cubram mais de metade da superfície do bolbo,

- fissuras nas películas exteriores e ausência parcial das películas num máximo de um terço da superfície do bolbo, desde que a polpa não esteja danificada.

III. Disposições relativas ao dimensionamento

O tamanho é determinado pelo diâmetro máximo da secção equatorial. O diâmetro mínimo é de 10 mm.

Para garantir a homogeneidade do calibre, a diferença de calibre entre os produtos de uma mesma embalagem não deve exceder:

- 5 mm quando o diâmetro da cebola mais pequena for igual ou superior a 10 mm, mas inferior a 20 mm. No entanto, se o diâmetro da cebola for igual ou superior a 15 mm, mas inferior a 25 mm, a diferença pode ser de 10 mm.

- 15 mm, quando o diâmetro da cebola mais pequena for igual ou superior a 20 mm, mas inferior a 40 mm,

- 20 mm quando o diâmetro da cebola mais pequena for igual ou superior a 40 mm, mas inferior a 70 mm,

- 30 mm quando o diâmetro da cebola mais pequena for igual ou superior a 70 mm.

IV. Disposições relativas às tolerâncias

Em todos os estádios de comercialização, são admitidas em cada lote tolerâncias de qualidade e de calibre no que respeita a produtos que não satisfaçam os requisitos da categoria indicada.

A. Tolerâncias de qualidade

(i) Classe I

É admitida uma tolerância total de 10 %, em número ou em peso, de cebolas que não correspondam às caraterísticas da categoria, mas que respeitem as da categoria II. No âmbito desta tolerância, um máximo de 1 % do total pode ser constituído por produtos que não correspondam às caraterísticas de qualidade da categoria II, nem às caraterísticas mínimas, ou por produtos com podridão.

(ii) Classe II

É admitida uma tolerância total de 10 %, em número ou em peso, de cebolas que não correspondam às caraterísticas da categoria nem às caraterísticas mínimas. Dentro desta tolerância, um máximo de 2 por cento do total pode ser constituído por produtos com podridão.

Além disso, uma tolerância máxima de 10 por cento, em número ou em peso, de bolbos que apresentem

são permitidas provas precoces de crescimento de rebentos visíveis externamente.

B. Tolerâncias de tamanho

Para todas as categorias: é admitida uma tolerância total de 10 por cento, em número ou em peso, de cebolas que não satisfaçam os requisitos de calibragem.

V. Disposições relativas à apresentação

A. Uniformidade

O conteúdo de cada embalagem (ou lote, no caso dos produtos apresentados a granel no veículo de transporte) deve ser homogéneo e comportar apenas cebolas da mesma origem, variedade ou tipo comercial, qualidade e calibre.

No entanto, uma mistura de cebolas de tipos comerciais e/ou cores nitidamente diferentes pode ser acondicionada numa embalagem de venda, desde que sejam homogéneas em termos de qualidade e, para cada tipo comercial e/ou cor em causa, em termos de origem.

A parte visível do conteúdo da embalagem (ou do lote, no caso dos produtos apresentados a granel no veículo de transporte) deve ser representativa da sua totalidade.

B.   Embalagem

As cebolas devem ser acondicionadas de modo a ficarem convenientemente protegidas. Os materiais utilizados no interior das embalagens devem estar limpos e não devem ser susceptíveis de provocar alterações internas ou externas nos produtos. É autorizada a utilização de materiais, nomeadamente de papel ou de carimbos com especificações comerciais, desde que a impressão ou rotulagem seja efectuada com tinta ou cola não tóxicas.

Os autocolantes apostos individualmente no produto devem ser de molde a que, quando retirados, não

não deixam vestígios visíveis de cola nem provocam defeitos na pele.

As embalagens (ou lotes, no caso dos produtos apresentados a granel no veículo de transporte) devem estar isentas de corpos estranhos.

VI.   Disposições relativas à marcação

Cada embalagem deve ostentar, em caracteres legíveis, indeléveis, visíveis do exterior e agrupados do mesmo lado, as seguintes indicações

No caso de cebolas transportadas a granel (carregamento direto num veículo de transporte), estas indicações devem constar de um documento que acompanha as mercadorias e que deve ser afixado de forma visível no interior do veículo de transporte.

A.   Identificação

Embalador e/ou expedidor/expedidor:

Nome e endereço físico (por exemplo, rua/cidade/região/código postal e, se diferente do país de origem, o país) ou um código de barras oficialmente reconhecido pela autoridade nacional.

B.   Natureza do produto

• "Cebolas" se o conteúdo não for visível do exterior.

• "Mistura de cebolas", ou denominação equivalente, no caso de uma mistura de cebolas de tipos comerciais e/ou cores nitidamente diferentes. Se o produto não for visível do exterior, devem ser indicados os tipos comerciais e/ou as cores e a quantidade de cada um na embalagem.

C.   Origem do produto

• País de origem e, opcionalmente, distrito onde é cultivado, ou nome do local nacional, regional ou local.

• No caso de uma mistura de tipos comerciais e/ou cores de cebolas de origens diferentes e nitidamente diferentes, a indicação de cada país de origem deve figurar ao lado do nome do tipo comercial e/ou da cor em causa.

D.   Especificações comerciais

• Classe,

• Dimensão expressa pelos diâmetros mínimo e máximo.

E.   Marca de controlo oficial (facultativa)

Na Argentina, as cebolas são classificadas em três categorias ou classes de qualidade, de acordo com as normas do Mercosul (IASCAV, 1995), que partilham uma base comum, mas nem sempre idêntica, com as da Europa e de outros mercados. As lâmpadas devem satisfazer determinados requisitos de base, diferindo as classes apenas no que respeita às tolerâncias para defeitos ligeiros e graves. Os requisitos básicos são a uniformidade e a ausência de danos graves (de origem biológica ou outra), bolbos muito deformados, terra, sacos com peso excessivo ou insuficiente, contaminação química, etc. Na categoria de defeitos "ligeiros" são permitidos alguns danos, bem como manchas, fecho incompleto do colo, perda de pele ou de turgescência. Os duplos são admitidos se não estiverem deformados. Os defeitos graves incluem o apodrecimento, a germinação e/ou o enraizamento e os bolbos com bolhas. Foram especificadas categorias de calibre para a zona do Mercosul (35-50; 50-70; 70-90 e >90 mm de diâmetro), embora se trate sobretudo de uma questão de preferência do comprador/importador.

Tendo em conta que as cebolas, desde a exploração agrícola até à mesa, estão a sofrer uma série de alterações que afectam a sua qualidade e adequação ao consumo, e o facto de, recentemente, esta questão não ter sido explorada no nosso país, foi necessário realizar uma investigação exaustiva, como tese de doutoramento, sobre a tecnologia e as perdas durante o armazenamento tradicional e o armazenamento em câmara frigorífica da cebola doce local da variedade 'buchinska arshlama'.

3. MATERIAL E MÉTODOS

Para atingir os principais objectivos da investigação, foi escolhida como material a variedade autóctone local "buchinska arshlama". Foi cultivada na aldeia de Vogjani, na região da Pelagónia. De acordo com o estudo de Simon D. (1980) sobre algumas propriedades morfológicas, biológicas e químico-tecnológicas de importantes variedades autóctones de cebola, a "buchinska arshlama" é uma variedade autóctone tardia. A colheita é efectuada na segunda quinzena de setembro e, em alguns anos, mesmo nos primeiros 10 dias de outubro. O período vegetativo desta variedade (da germinação à queda dos topos) é de cerca de 151 dias e 94 dias a partir da plantação. O rendimento médio é de 64,1 t/h. O bolbo maduro contém: 9,1% de matéria seca, 5,1% de açúcares totais e 1,28% de proteínas. Em relação a outras variedades de "arshlami", a buchinski pode ser bem armazenada durante o período de seca (de 15 de outubro a 1 de abril). A forma especial de armazenamento na prática (pátios exteriores) proporciona uma durabilidade muito maior dos bolbos, pelo que as nossas investigações se centraram nas perdas durante esta forma de armazenamento.

Além disso, de forma tradicional, os bolbos de cebola eram armazenados numa câmara frigorífica na empresa Altra, em Gevgelija. De acordo com vários autores (Ilic Z., Fallik E., 2002, Martinovski F. Et al., 2002; Opara LU 2003; Baninasab B., Rahemi M., 2006; Brewster JL, 2008; Ilic Z. et al., 2009) as cebolas são melhor armazenadas a uma humidade relativa de 65 a 70%. Na nossa investigação, as cebolas foram armazenadas a uma humidade relativa mais elevada, de 90 a 95%, uma vez que a câmara frigorífica é universal, com uma área de 250 m^2 e uma capacidade de 350 t, onde, para além das cebolas, são normalmente armazenados outros produtos frescos (uvas, cebolas, alho francês e pimentos). Além disso, a experiência de muitos anos dos funcionários mostrou que as cebolas são melhor armazenadas a uma humidade relativa elevada, uma vez que a perda de peso é menor, embora Brewster JL, 2008, tenha afirmado que as cebolas armazenadas a uma humidade relativa entre 55 e 75% perdem menos água em comparação com uma humidade relativa mais elevada ou mais baixa. As cebolas foram armazenadas a uma temperatura de 0 a 2°C. Estas experiências foram repetidas durante três anos sucessivos (2010-2011, 2011-2012 e 2012-2013), e o período de armazenamento foi de outubro a abril, com duas semanas de vida útil a uma temperatura de 14 a 16°C para um armazenamento em câmara frigorífica.

Durante o período de armazenamento, foram observadas alterações de carácter fisiológico e químico. As alterações fisiológicas foram determinadas pela percentagem de perda de peso, pela percentagem de germinação e pela percentagem de bolbos doentes, enquanto o aspeto comercial foi determinado pela percentagem de bolbos comercializáveis no período de um mês.

A percentagem de perda fisiológica de peso (perda de qualidade em %) foi previamente estabelecida pela fórmula de Kukanoor L. (2005) e Jamali *et al.* (2012) :

$$PLW(\%) = \frac{P_0 - P_n}{P_0} \times 100$$

onde: P0 é a massa inicial, Pn é a massa após n dias (no nosso caso, 15, 45, 75, 105, 135, 165 e 210, após duas semanas de conservação na câmara frigorífica).

A percentagem de germinação (%) foi calculada de acordo com a fórmula de Kukanoor L. (2005) e Jamali *et al.* (2012):

$$\text{Percentage of sprouting} = \frac{\text{Mass of sprouted bulbs}}{\text{Initial mass of bulbs}} \times 100$$

A percentagem de bolbos doentes (%) foi calculada de acordo com a fórmula de Kukanoor L. (2005) e Jamali *et al.* (2012):

$$\text{Percentage of diseased bulbs} = \frac{\text{Mass of diseased bulbs}}{\text{Initial mass of bulbs}} \times 100$$

A percentagem de bolbos comercializáveis foi estabelecida pela fórmula de Kukanoor L. (2005):

$$\text{Percentage of marketable bulbs (\%)} = \frac{\text{Mass of sound bulbs}}{\text{Initial mass of bulbs}} \times 100$$

As análises químicas foram efectuadas no Centro de Saúde Pública de Veles, na República da Macedónia. Todos os meses foram colhidas amostras de bolbos sãos e intactos para análise química. As análises foram efectuadas de acordo com os métodos do "Livro de regras para a realização do método de análise química e física devido ao controlo de qualidade dos produtos hortofrutícolas" publicado no Jornal Oficial da RSFJ n.º 29/83.

Para monitorizar as alterações de qualidade das matérias químicas, foram medidos estes parâmetros:

- Matéria seca total % (secagem no secador a 105º C);

- Sólidos solúveis % (por refratómetro);

- % de cinzas (combustão direta a 600º C);

- Açúcares totais % (segundo o método de Luff-Schoorl);

- Açúcares redutores % (segundo o método de Luff-Schoorl).

A estatística dos dados obtidos durante o inquérito foi feita com base em dados no programa estatístico SPSS for Windows 13,0.

Os parâmetros analisados foram apresentados com estatísticas descritivas ou valores médios e desvio padrão (DP).

Para testar a significância das diferenças entre os parâmetros analisados, foram utilizados o teste U de Mann-Whitney, o teste t de Student, a análise de variância e o teste de Kruskal-Wallis.

A percentagem de variação foi determinada pelo coeficiente de variação (KV).

O valor de p <0,05 foi considerado para o nível de significância, mas o valor de p <0,01 foi considerado para uma significância mais elevada.

4. CONDIÇÕES CLIMÁTICAS E SOLO TIPO

A República da Macedónia está dividida em 8 áreas de clima-vegetação-solo (Filipovski Gj. *et al.*, 1996). A região de Pelagonija, na qual foi efectuada a investigação, pertence a áreas continentais quentes com uma altitude de 600 a 900 metros. Esta área é caracterizada por uma temperatura média anual de 9,6 a 11,8° C (média de 10,9° C) e uma soma anual de temperaturas de 3513 a 4309° C (média de 3975° C). A quantidade de temperaturas da estação de crescimento (acima de 10°C) é de 2798-3627 (média 3306) e Pelagonija é caracterizada por valores mais elevados, acima de 3450. A quantidade de precipitação varia de 515 a 890 mm (média de 700 mm). De acordo com os indicadores climáticos fornecidos, Pelagonija tem um clima semiárido.

De acordo com Suojala T. (2001), os factores climáticos determinam o potencial de armazenamento de diferentes variedades. O mesmo foi confirmado durante a nossa investigação. As condições climáticas durante a produção e durante as três épocas de armazenamento examinadas foram favoráveis à obtenção de bolbos de qualidade destinados ao armazenamento. A partir das temperaturas médias plurianuais, pode concluir-se que as condições térmicas são adequadas durante todo o período vegetativo, ou seja, de março a setembro (quadros 1, 2, 3 e 4). A sementeira teve início em março, quando a temperatura média anual era de 6° C o que é suficiente para a germinação, dado que a cebola começa a germinar a 2-3° C (Lazic B. *et al.,* 1998). As condições para o desenvolvimento das raízes são muito importantes nas primeiras fases de crescimento. É particularmente importante no período entre a germinação e a formação das primeiras folhas verdadeiras, quando a temperatura deve ser moderada até 10° C (Lazic B. *et al.*, 1998). Nas nossas condições, esta fase pode ser concluída com sucesso em abril, quando a temperatura média anual de 10,5° C é favorável. A temperatura de 20°C é necessária para o crescimento intensivo das folhas, que a partir das temperaturas médias de muitos anos, esta fase de crescimento pode ser concluída em maio, junho e meados de julho, quando as temperaturas são 15,5° C, 19,7° C e 21,8° C, respetivamente. A formação dos bolbos começa com uma certa duração do dia e uma temperatura de 15° C, mas a temperatura óptima é de cerca de 22° C (Lazic B. *et al.*, 1998). Estas condições de temperatura são mais favoráveis em julho (21,8° C) e em agosto (21,5° C). Estas condições permitem a formação e a maturação adequadas dos bolbos. Os quadros mostram que a precipitação não é suficiente para cobrir as necessidades de água ao longo de toda a vegetação, pelo que é necessário regar, mas deve parar duas semanas antes da colheita.

A temperatura durante a armazenagem da cebola é também de particular importância, sendo esta tradicionalmente armazenada num local aberto de outubro a abril. Em geral, nos três anos de estudo, com o aumento da temperatura nos últimos meses de armazenamento (março e abril), as perdas de rebentos aumentaram. Durante o inverno de 2010/2011 e 2012/2013, as temperaturas foram positivas e não provocaram o congelamento dos bolbos de cebola durante o armazenamento. Os danos causados pelo arrefecimento já ocorriam a -0,8° C, mas a duração do armazenamento só pode ser prolongada se os bolbos descongelarem gradualmente (Ilic Z. *et al.*, 2009). Na época 2011/2012, nos meses de inverno (dezembro, janeiro e fevereiro) registaram-se temperaturas médias mensais negativas (-0,8° C, -2,3° C, -0,9° C, respetivamente), o que levou ao congelamento dos bolbos. Nesses meses, as perdas de peso foram menores do que nas outras duas épocas, mas após a descongelação, especialmente nos últimos meses de armazenamento, surgiram perdas importantes devido ao apodrecimento e à germinação.

Tabela 1. Condições climáticas em Prilep, 2010

	I	II	III	IV	V	VI	VII	VIII	IX	X	XI	XII	Média
Média mensal t° MAX "	5,0	7,9	12,3	17,2	22,3	25,9	28,2	31,1	23,8	15,3	16,7	8,0	17,8
Média mensal t° MIN	-0,7	0,0	2,0	7,1	10,5	13,6	15,9	16,4	11,6	6,4	6,0	-0,8	7,3
Média mensal t°	2,0	3,4	6,8	11,9	16,4	19,7	22,2	23,7	17,3	10,2	10,9	3,1	12,3
Soma mensal da precipitação	27,9	71,3	55,2	52,2	44,2	64,7	40,6	34,6	47,4	152,9	69,2	87,4	747,6
Média mensal /AVERAGE*	0,0	2,2	6,0	10,5	15,5	19,7	21,8	21,5	17,4	11,8	6,0	1,6	11,2
Precipitação /AVERGAÇÃO*	29,8	34,8	37,1	47,6	55,6	42,9	41,0	30,6	41,2	55,1	60,9	40,7	517,3

* Média de 30 anos

Tabela 2. Condições climáticas em Prilep, 2011

	I	II	III	IV	V	VI	VII	VIII	IX	X	XI	XII	Média
Média mensal° t MAX "	4,1	8,2	11,5	16,3	20,6	25,7	30,3	30,3	27,7	16,2	10,3	6,8	17,3
Média mensal° t MIN	-2,3	-0,9	2,1	5,5	9,2	13,4	15,4	15,6	14,0	5,2	-0,4	-1,6	6,3

	I	II	III	IV	V	VI	VII	VIII	IX	X	XI	XII	Média
Média mensal t°	0,6	3,2	6,4	10,8	14,7	19,5	23,0	23,1	20,6	9,9	4,4	2,2	11,5
Soma mensal da precipitação	26,6	22,9	25,8	19,6	55,0	37,5	9,9	92,7	50,3	39,2	4,7	15,5	399,7
Média mensal /AVERAGE*	0,0	2,2	6,0	10,5	15,5	19,7	21,8	21,5	17,4	11,8	6,0	1,6	11,2
Precipitação /AVERGAÇÃO*	29,8	34,8	37,1	47,6	55,6	42,9	41,0	30,6	41,2	55,1	60,9	40,7	517,3

* Média de 30 anos

Tabela 3. Condições climáticas em Prilep, 2012

	I	II	III	IV	V	VI	VII	VIII	IX	X	XI	XII	Média
Média mensal° t MAX "	1,0	2,2	13,1	17,4	21,3	28,9	32,9	31,7	27,2	21,6	13,8	4,7	18,0
Média mensal° t MIN	-7,5	-5,5	1,5	6,1	9,8	14,7	17,6	16,4	12,9	8,7	5,4	-3,0	6,4
Média mensal t°	-3,6	-1,9	6,9	11,5	15,6	22,3	25,6	23,9	19,6	14,4	9,0	0,4	12,0
Soma mensal da precipitação	46,2	58,1	33,1	46,6	105,1	11,4	12,3	28,5	29,4	77,1	50,8	65,6	564,2
Média mensal /AVERAGE*	0,0	2,2	6,0	10,5	15,5	19,7	21,8	21,5	17,4	11,8	6,0	1,6	11,2
Precipitação /AVERGAÇÃO*	29,8	34,8	37,1	47,6	55,6	42,9	41,0	30,6	41,2	55,1	60,9	40,7	517,3

* Média de 30 anos

Tabela 4. Condições climáticas em Prilep, 2013

	I	II	III	IV	V	VI	VII	VIII	IX	X	XI	XII	Média
Média mensal° t MAX "	6,4	8,3	12,4	19,2	23,4	26,0	28,5	30,9	-	-	-	-	-
Média mensal° t MIN	-1,7	1,1	2,7	6,9	11,4	13,6	15,7	16,9	-	-	-	-	-
Média mensal t°	1,9	4,3	7,2	13,3	17,3	19,8	22,4	23,8	-	-	-	-	-
Soma mensal da precipitação	48,2	81,1	35,1	53,5	74,8	78,0	9,2	16,2	-	-	-	-	-
Média mensal /AVERAGE*	0,0	2,2	6,0	10,5	15,5	19,7	21,8	21,5	-	-	-	-	-
Precipitação /AVERGAÇÃO*	29,8	34,8	37,1	47,6	55,6	42,9	41,0	30,6	-	-	-	-	-

* Média de 30 anos

Para além das condições climáticas, o tipo de solo em que a cebola "buchinska arshlam" é cultivada há anos é o Gleysol Vertic Mollic, subtipo Vertic. (Filipovski Gj, 1999). De acordo com a classificação do WRB (2006), trata-se de Mollic Veric Gleysol -Vertic. A textura do Gleysol Vértico Molic depende principalmente do subsolo (material de origem).

O quadro 5 mostra que o teor da fração grosseira é muito baixo em todos os horizontes. Em geral, o teor da fração grossa aumenta gradualmente em profundidade, com o teor mais elevado no horizonte C. Na análise das fracções separadas do solo, pode notar-se que a principal caraterística destes solos é que são ricos em argila (<0,002mm). No horizonte de transição AC (53,20%) encontra-se o maior teor de argila. A fação física argila (silte + argila) é predominante na fação areia natural (areia fina + areia grossa). De acordo com a sua composição mecânica e as amostras de solo testadas, pertence à classe das argilas pesadas. Isso significa que a composição mecânica do Gleissolo Vértico Múlico é altamente desfavorável, o que afeta ainda mais as propriedades físicas, físico-mecânicas, hidroaéreas e térmicas desses solos.

Tabela 5. Propriedades mecânicas do solo

Profundidade do horizonte	H.V BO %	Fração grossa > 2 mm	Areia grossa 0,2-2mm	Areia fina 0,02 - 0,2 mm	Areia total 0,02 -2 mm	Silte 0,002-0,02 rr*rr*	Argila < 0,002 mm	Silte + Argila < 0,02mm	Textura Soli
A 0-30	1,24	1,80	13,03	24,07	37,10	15,60	47,30	62,90	argila
A 31-68	2,80	0,87	12,36	26,74	39,10	14,40	46,50	60,90	argila
AC 69-90	1,75	0,74	2,53	23,27	25,80	21,00	53,20	74,20	argila
Gso 91-125	1,60	12,02	7,39	28,71	36,10	23,00	40,90	63,90	argila

As propriedades químicas do Gleissolo Vértico Múlico são em grande parte herdadas do substrato e dependem da sua composição mecânica e mineralógica. São fortemente influenciadas pelo regime das águas subterrâneas, bem como da sua composição química. Dependem da intensidade e da duração dos processos individuais que determinam a direção da sua evolução: salinização, alcalinização, carbonatação, descarbonatação, acumulação de novas derivas e influência humana. Relativamente ao teor de húmus (dados apresentados no quadro 6), é possível constatar que o teor de húmus é muito variável. No horizonte de acumulação de húmus (3,23%) encontra-se o teor de húmus mais elevado e à medida que se avança em profundidade o teor de húmus diminui. O subsolo C (0,62%) tem o valor mais baixo de teor de húmus. O Gleissolo Vértico Mólico examinado é desprovido de carbonatos em toda a profundidade do perfil. A reação da solução do solo na parte superior do perfil é moderadamente ácida e em profundidade é neutra. O teor de fósforo facilmente disponível na parte superior do perfil é moderado a bem fornecido e, à medida que se aprofunda, o teor de fósforo é reduzido. De acordo com o teor de potássio, o solo testado é rico a bem fornecido com este elemento nutriente.

Tabela 6. Propriedades químicas do solo

Profundidade do horizonte	Húmus em %	Total N %	CaCO3 %	pH		Formas facilmente disponíveis em mg/100 g de solo		Sais total %
				H2O	NKCl	P_2O_5	K2O	
A 0-30	3,23	0,170	0,00	6,7	5,9	24,80	42,04	0,030
A 31-68	1,80	0,098	0,00	7,1	6,1	17,10	30,80	0,051
AC 69-90	0,90	0,060	0,00	7,1	6,1	4,40	28,10	0,058
Gso 91 125	0,62	0,040	0,00	7,2	6,1	2,00	18,70	0,064

Dado que a parte mais ativa do sistema radicular da cebola se encontra numa camada pouco profunda, de 5 a 20 cm, e que a maior parte da massa radicular se encontra espalhada na camada de 30 a 40 cm (Lazic B. *et al.*, 1998), este tipo de solo, de acordo com as suas propriedades físicas e químicas, é adequado para a produção deste tipo de cebola.

5. TECNOLOGIA DE PRODUÇÃO DE CEBOLA

As cebolas podem ser melhor cultivadas em solos estruturais, férteis, permeáveis, sem ervas daninhas e ricos em húmus que retenham bem a humidade. As cebolas requerem uma reação ligeiramente ácida a neutra do pH do solo 6,0-7,0.

Na rotação de culturas, a cebola vem geralmente depois de culturas que são fertilizadas com estrume orgânico ou depois daquelas que terminam mais cedo o período de vegetação e deixam o solo livre de ervas daninhas. Boas culturas precedentes são: melancia, batata, leguminosas, trigo, cevada, pepino, pimento e tomate. É preferível que a cebola seja plantada no mesmo local de cultivo após 3 a 4 anos. Os nutrientes necessários para o crescimento e desenvolvimento das cebolas devem estar facilmente disponíveis. A base para determinar as quantidades necessárias de nutrientes é a fertilidade do solo e o rendimento planeado. Para um rendimento de 10 t, a quantidade média de nutrientes que a cebola utiliza é a seguinte 40 kg de N, 15 kg de P2O5 e 50 kg de K2O (Durovka M., 2008). Na Estónia, Poldma P. e Merivee A. (2005) examinaram diferentes doses de fertilizante azotado para a nutrição de 4 variedades de cebola. Os resultados mostraram que as doses de fertilizante azotado podiam ser reduzidas porque o rendimento não aumentou significativamente nas variantes que foram fertilizadas com 80 kg N/ha.

A cultura da cebola deve ser irrigada a 1,20 Ep sob o regime de irrigação por microaspersão para obter uma maior percentagem de bolbos classificados (acima de 60 mm e os de 41 a 60 mm), bem como para uma maior produtividade da cebola e armazenamento a longo prazo. No entanto, a irrigação a 1,00 Ep é mais adequada para o cultivo de cebola com melhores atributos pós-colheita. Se a água se tornar um fator limitante, a irrigação a 0,80 Ep seria o tratamento de irrigação mais adequado (Kumar S. *et. al*, 2007).

No nosso país, a cebola é mais provavelmente produzida por meio de conjuntos de cebola e através da produção prévia de plântulas. Na Polónia, por exemplo, o principal método de produção de cebola continua a ser a sementeira direta em cerca de 91% da área total, e apenas 4% é produzido através de conjuntos de cebolas (Adamicki F., 2005).

De acordo com Simon D. (1990), nas nossas zonas de produção, como Gostivar, Prilep, Bitola e Struga, a cebola do tipo "arshlami" era a cultura principal. A cebola do tipo "arshlamite" era cultivada depois do trigo, e durante vários anos como monocultura. Desde essa altura que existe uma tecnologia específica para a produção de "arshlami" na região da aldeia de Buchin, onde as cebolas são cultivadas desde o período otomano. Na primavera, o solo era cultivado três vezes. As camas de plântulas tinham dimensões de 1,2x3-3,5 m. Antes da transplantação, as plântulas eram abundantemente regadas, as folhas e raízes das plântulas eram parcialmente cortadas e as plântulas eram plantadas se houvesse mais de 3 folhas na planta. Os canteiros preparados para a transplantação foram primeiramente regados, de modo que a transplantação foi feita "em húmido". As plântulas foram plantadas em filas de 20 cm e na fila de 8-10 cm. O solo foi afrouxado uma vez e mondado 2-4 vezes. A rega foi efectuada após 7 dias ou 10-15 vezes durante o período de vegetação. Com uma ou duas regas, seria melhor fazer um "adoçamento" com adubo orgânico diluído. O míldio apareceu em anos húmidos, pelo que se procurou uma proteção adequada contra esta doença. As cebolas foram colhidas na segunda quinzena de setembro, após a queda das copas das plantas. O rendimento foi de 50 a 60 toneladas por hectare. Esta tecnologia de produção de "buchinska arshlama" sofreu algumas alterações nos últimos anos. Durante esta investigação, a produção de "buchinska arshlama" na aldeia de Vogjani começa em março, com a sementeira das sementes. Por vezes, se as condições meteorológicas o permitirem, a sementeira começa em fevereiro.

Em primeiro lugar, o solo é arado a 30 cm de profundidade e, em seguida, passa-se o perfurador de lâmina para soltar a camada superficial do solo. Depois disso, os canteiros são formados com o hiller row bed maker (Figura 1). Os canteiros têm uma largura de 85 cm e um comprimento de cerca de 40 m, separados por um meio com um carreiro. Em seguida, os canteiros são fertilizados com adubo misto "kas" (NPK 15:15:15), e a semente é semeada a lanço na quantidade de 8,5 g/m^2 (Figura 2). A semente é misturada com o solo com um ancinho (Figura 3). Em seguida, a camada superior do solo é coberta com adubo orgânico "gnoj" (figura 4) e depois coberta com película de plástico até as sementes germinarem. As sementes germinam durante um período de 18 a 20 dias, dependendo das condições climatéricas (Figura 5). Durante a produção das plântulas, a proteção das plantas é feita especialmente com herbicidas e adubação de cobertura com "tarana" (NH4NO3 34,4% ou 17,0% NH4 17,4% NO3). A plantação é efectuada após 60 dias, quando as plântulas atingem uma espessura de 8 mm. Em seguida, as plântulas são retiradas do solo e envolvidas com uma tela de juta ("sargii"). Em seguida, as pontas das folhas são cortadas e plantadas "a seco" em canteiros (170 x 560cm). A distância entre plantas é de 15 cm, com aproximadamente 340 plantas por canteiro (Figuras 6, 7 e 8).

Imediatamente após a transplantação, as plântulas são irrigadas após 6-7 dias, de acordo com as suas necessidades. Durante o período de vegetação, antes da formação dos bolbos, as plantas são fertilizadas com adubos azotados e regularmente protegidas contra doenças e pragas. Nos últimos anos, as cebolas são plantadas com a máquina a distâncias entre linhas de 30 cm e na linha de cerca de 15-20 cm. A irrigação é feita por sistema de rega gota a gota (Figura 9). A colheita inicia-se quando 50% dos topos das plantas caem (Suojala T., 2001; Ilic Z. e Fallik E., 2002; Opara L.U., 2003; O'Connor D., 2005; Brewster J.L., 2008; Ilic Z. *et al.*, 2009; Ilin Z., 2011) (Figura 10). As plantas são retiradas do solo e deixadas a secar durante pelo menos duas semanas, se o tempo o permitir (Figura 11). O rendimento dos bolbos atinge cerca de 50t/ha.

Figura 1. Canteiros formados para sementeira

Figura 2. Sementeira por difusão em leito preparado

Figura 3. Misturar as sementes com o solo com um ancinho

Figura 4. Cobertura das sementes com adubo orgânico ("gnoj")

Figura 5. Brotação de plântulas

Figura 6. Mudas prontas para o transplante

Figura 7. Corte dos topos das folhas antes do transplante

Figura 8. Transplantação "em seco

Figura 9. Métodos mais contemporâneos de produção de cebola com um sistema de irrigação por gotejamento

Figura 10. Cebola pronta para a colheita

Figura 11. Cura ou secagem de bolbos de cebola em filas no campo

6. RESULTADOS E DISCUSSÃO

3.1. PERDA DE PESO

As perdas de massa resultam frequentemente de apodrecimento, germinação, desidratação, transpiração e respiração e são geralmente causadas pela prevalência de temperaturas elevadas e baixa humidade nas instalações de armazenamento (Biswas SK et al., 2010).

A massa média de 300 bulbos analisados armazenados tradicionalmente em três repetições e em três épocas sucessivas - 2010/2011, 2011/2012 e 2012/2013 é apresentada na Tabela 7. Além disso, o coeficiente de variação para o período analisado é calculado nesta tabela. As medições foram efectuadas antes da colheita, antes do carregamento em outubro, e depois uma vez por mês em novembro, dezembro, janeiro, fevereiro, março e abril.

Na temporada 2010/2011, a massa dos bulbos analisados variou de 23,69 ± 1,53 kg após a colheita a 11,32 ± 1,97 kg na última medição em abril. Em 2011/2012, a perda média de peso no mesmo período da colheita até abril variou de 27,35 ± 0,6 kg a 20,87 ± 1,74 kg, enquanto em 2012/2013 de 23,26 ± 0 59 kg após a colheita a 13,34 ± 1,26 kg em abril (Figura 1).

O coeficiente de variação mostra flutuação na massa e em 2010/2011 variando de 4,34% em fevereiro a 17,4% em abril. Em 2011/2012 a menor variação na massa do bolbo de 1,95 % foi registada em janeiro, enquanto a maior variação de 8,34% foi observada em abril (Tabela 7). Na última época 2012/2013, a menor variação (1,16%) foi registada em janeiro, enquanto a maior (9,44%) foi registada em abril.

Tabela 7. Massa média de 300 bolbos (kg) em três repetições no modo de armazenamento tradicional

Período de medição	2010/2011		2011/2012		2012/2013	
	média±SD	KV	média±SD	KV	média±SD	KV
Colheita	23,69±1,53	6,46%	27,35±0,61	2,23%	23,26±0,59	2,54%
Antes de carregar outubro	22,3±1,62	7,26%	25,97±0,61	2,35%	20,92±0,35	1,67%
novembro	21,7±1,54	7,1%	25,7±0,6	2,37%	20,34±0,32	1,57%
dezembro	21,35±1,24	5,81%	25,5±0,496	1,95%	19,78±0,28	1,41%
janeiro	21,0±1,24	5,9%	25,5±0,53	2,08%	18,89±0,22	1,16%
fevereiro	20,03±0,87	4,34%	25,41±0,53	2,08%	18,28±0,2	1,2%
março	17,81±1,26	7,07%	25,23±0,62	2,46%	16,51±0,4	2,42%
abril	11,32±1,97	17,4%	20,87±1,74	8,34%	13,34±1,26	9,44%

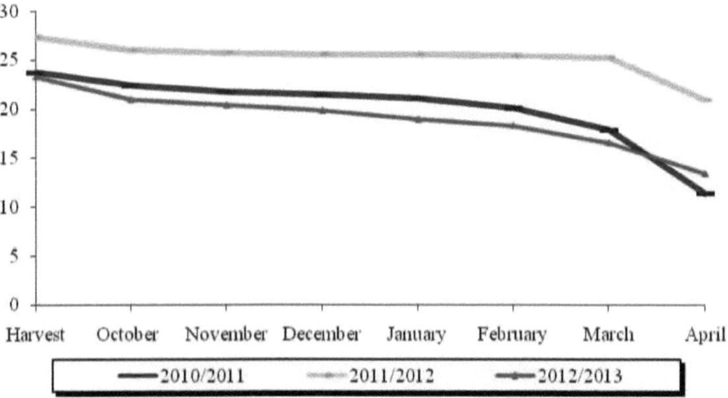

Figura 1. Perda de peso média durante um período de três anos para o modo de armazenamento tradicional (2010/2011, 2011/2012 e 2012/2013)

A análise estatística das diferenças identificadas no peso dos bolbos ensaiados, entre abril e todos os outros momentos anteriores de medição, revelou níveis de significância de p <0,05 e p <0,01. Assim, podemos concluir que, durante o período de três anos de investigação, a massa média dos bolbos foi significativamente menor em abril do que nos meses anteriores em que a medição foi realizada (Quadro 8).

Tabela 8. Diferenças testadas da massa dos bolbos durante o modo de armazenamento tradicional

Período de medição	Diferenças testadas		
	2010/2011	2011/2012	2012/2013
Colheita/ abril	12,37 kg t=10,91 p=0,008**	6,48 kg t=8,33 p=0,014*	9,92 kg t=21,15 p=0,002**
outubro/abril	10,98 kg t=8,69 p=0,013*	5,1 kg t=5,57 p=0,031*	7,58 kg t=13,55 p=0,005**
novembro/ abril	10,38 kg t=8,53 p=0,013*	4,83 kg t=5,24 p=0,034*	7 kg t=11,99 p=0,007**
dezembro/abril	10,03 kg t=9,86 p=0,01*	4,63 kg t=4,97 p=0,038*	6,44 kg t=10,13 p=0,009**
janeiro/abril	9,68 kg t=9,51 p=0,01*	4,63 kg t=4,96 p=0,038*	5,55 kg t=6,48 p=0,023*
fevereiro / abril	8,71 kg t=11,6 p=0,007**	4,54 kg t=4,83 p=0,04*	4,94 kg t=6,59 p=0,022*
março/abril	6,49 kg t=6,09 p=0,026*	4,36 kg t=4,48 p=0,046*	3,17 kg t=6,27 p=0,024*

*p<0,05 **p<0,01

O peso médio dos bulbos testados, calculado no período de 2010/2011 foi de 19,9 ± 3,87 kg, para 2011/2012 foi de 25,19 ± 1,87 kg, enquanto que em 2012/2013 foi de 18,91 ± 2,99 kg (Tabela 9, Figura 2). Essas diferenças de peso nos três anos de pesquisa analisados foram confirmadas como estatisticamente altamente significativas (p = 0,0009). A massa dos bulbos em 2011/2012 foi altamente significativa em relação a 2010/2011 (p = 0,006) e 2012/2013 (p = 0,001). Este facto foi resultado das diferentes condições climatéricas favoráveis ao armazenamento em 2011/2012 comparativamente aos outros dois anos. Nomeadamente, em

2011/2012 nos meses de inverno (dezembro, janeiro e fevereiro) registaram-se temperaturas mensais mais baixas (-0,8º C, -2,3º C, -0,9º C, respetivamente) que levaram ao congelamento dos bolbos, o que resultou em menores perdas de massa nos outros dois anos.

Tabela 9. Diferenças testadas na massa média dos bolbos durante os três anos de investigação num modo de armazenamento tradicional

Ano/época	Número de medições	Massa dos bolbos/kg (média±SD)
2010/2011	8	19,9±3,87
2011/2012	8	25,19±1,87
2012/2013	8	18,91±2,99
Análise de Variância F=9,97 p=0,0009*		
2010/2011 - 2011/2012 p=0,006*2010/2011-2012/2013 p=0,79		
2011/2012-2012/2013 p=0,001*		

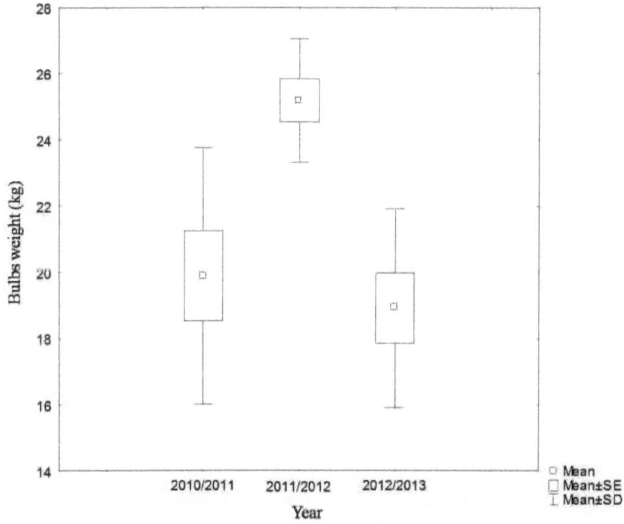

Figura 2. Peso médio dos bolbos durante os três anos de investigação num armazém tradicional

Com o coeficiente de correlação linear de Pearson, determinou-se a relação ou correlação entre o tempo de armazenamento dos bolbos tradicionais e a massa dos bolbos. O valor do coeficiente e os níveis de p mostraram uma relação estatisticamente significativa entre estes dois parâmetros analisados para as três épocas. As três correlações foram negativas, o que

43

indica que, com um período de armazenamento mais longo, o peso dos bolbos diminui. (Tabela 10, Figura 3, 4 e 5)

Табела 10. Correlação comprimento de armazenamento/massa de lâmpadas numa forma tradicional de armazenamento

Ano/época	Coeficiente de Pearson	valor de p
2010/2011	r = -0,87	0,005*
2011/2012	r = -0,78	0,023*
2012/2013	r = -0,95	0,000*

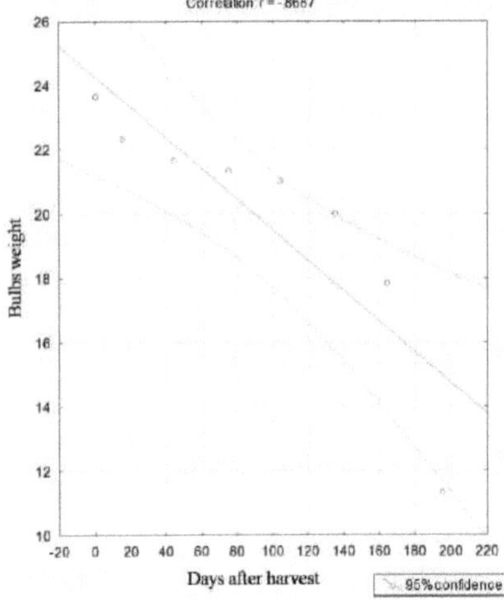

Figura 3. Correlação comprimento de armazenamento/peso dos bolbos num modo de armazenamento tradicional, 2010/2011

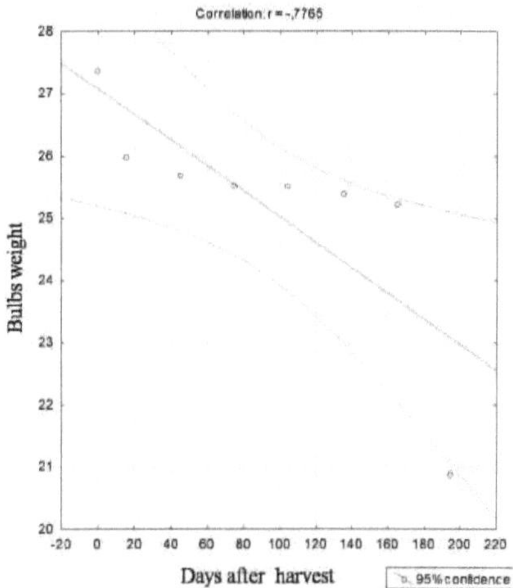

Figura 4. Correlação comprimento de armazenamento/peso dos bolbos num modo de armazenamento tradicional, 2011/2012

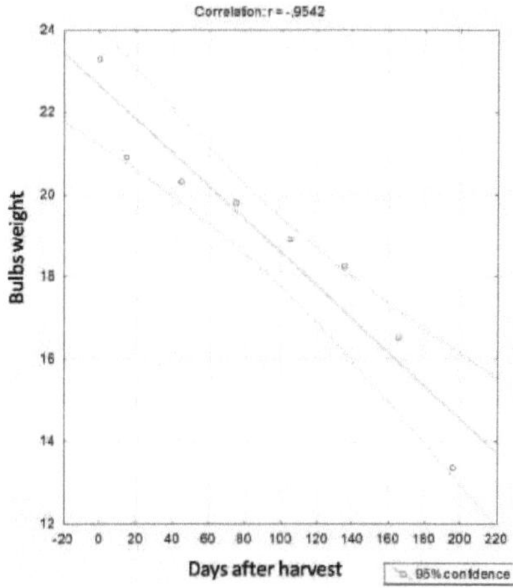

Figura 5. Correlação comprimento de armazenamento/peso dos bolbos num modo de armazenamento tradicional, 2012/2013

Paralelamente à forma tradicional de armazenamento, foi pesquisada a massa de 300 bulbos que foram armazenados em câmara fria a 0-2° C, nas três repetições para o período de três anos. Em 2010/2011, variou de 22,91 ± 1,11 kg após a colheita a 17,53 ± 1,28 kg após 2 semanas de armazenamento simulando condições de mercado, a uma temperatura de 14°C a 16°C. Em 2011/2012, o peso dos bulbos analisados variou de 22,91 ± 1,11 kg no momento da colheita, para 17,82 ± 0,18 kg após 210 dias de armazenamento, enquanto em 2012/2013 o peso médio foi de 22 21 ± 0,72 kg após a colheita para 16,91 ± 0,4 kg, após um período de armazenamento no mercado (vida de prateleira) (Tabela 11, Figura 6).

Os coeficientes de variação estimados mostraram que, em 2010/2011, a variação da massa foi a menor em novembro (2,22%) e a maior no período de simulação das condições dos mercados (7,3%). Em 2011/2012, os coeficientes de variação tiveram o menor valor de 1,01% após 2 semanas de armazenamento dos bolbos a 14°C - 16°C, e o maior após a colheita com um valor de 4,84%. No último ano a menor variação na massa dos bolbos foi registada em março de 1,54%, enquanto a maior na última medição de 3,78% (Tabela 11).

Tabela 11. Massa média de 300 bolbos em três repetições, armazenados em câmara frigorífica, em kg

Período de medição	2010/2011		2011/2012		2012/2013	
	média±SD	KV	média±SD	KV	média±SD	KV
Colheita	22,91±1,11	4,84%	22,91±1,11	4,84%	22,21±0,72	3,24%
Antes de carregar outubro	22,66±0,52	2,29%	21,43±0,46	2,15%	20,25±0,5	2,47%
novembro	22,5±0,5	2,22%	21,26±0,47	2,21%	20,1±0,51	2,54%
dezembro	22,08±0,55	2,49%	21,03±0,43	2,05%	19,91±0,51	2,56%
janeiro	21,72±0,52	2,39%	20,8±0,43	2,07%	19,11±0,58	3,04%
fevereiro	21,22±0,53	2,5%	20,61±0,44	2,13%	18,84±0,45	2,39%
março	20,12±1,03	6,98%	20,23±0,53	2,62%	18,19±0,28	1,54%
abril	18.91±1,32	6,98%	19,44±0,71	3,65%	18,03±0,31	1,72%
duração de conservação 2 semanas a 14°C - 16°C	17,53±1,28	7,3%	17,82±0,18	1,01%	16,91±0,4	3,78%

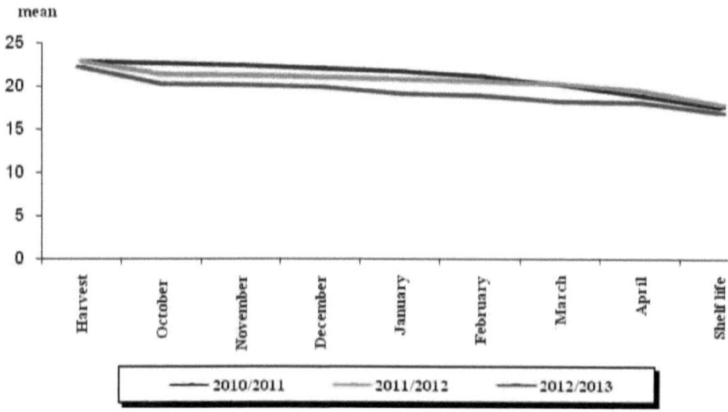

Figura 6. Perda de massa média para os três anos de pesquisa em câmara fria (2010/2011, 2011/2012 e 2012/2013)

A Tabela 12 mostra os valores do teste t e p para as diferenças testadas na massa dos bolbos, incluindo a colheita e a última medição, ou seja, o processo de vida útil, bem como todas as medições ou meses anteriores.

Os resultados mostraram que o peso médio medido em bulbos de 2 semanas de armazenamento a 14°C - 16°C, foi significativamente menor em comparação com as perdas médias nos meses anteriores em todas as três estações analisadas. A exceção a este comentário é a diferença não significativa na época 2010/2011, entre janeiro/abril (p = 0,054) e fevereiro/abril (p = 0,06) e janeiro/abril, fevereiro/abril e março/abril em 2012/2013 (p = 0,066, p = 0,067 e p = 0,071 respetivamente). Isto deve-se ao facto de, nas condições de mercado simuladas, a temperatura ser mais elevada (14-16° C) do que na câmara frigorífica (0-2° C), o que leva a uma maior perda de qualidade dos bolbos ou a uma maior redução do peso.

Tabela 12. Diferenças testadas da massa dos bolbos durante o armazenamento em câmara frigorífica

Período de medição	Diferenças testadas		
	2010/2011	2011/2012	2012/2013
Colheita/abril	4,0 kg t=6,06 p=0,026*	3,47 kg t=8,19 p=0,014*	4,18 kg t=9,86 p=0,01*
Colheita/vida útil	5,38 kg t=7,59 p=0,016*	5,09 kg t=7,94 p=0,015*	5,3 kg t=8,68 p=0,013*
outubro/abril	3,75 kg t=4,93	1,99 kg t=10,18	2,22 kg t=8,81

Ano/época			
	p=0,039*	p=0,009**	p=0,013*
outubro/ Prazo de validade	5,13 kg t=6,46 p=0,023*	3,61 kg t=14,45 p=0,005**	3,34 kg t=7,73 p=0,016*
novembro/abril	3,59 kg t=5,04 p=0,037*	1,82 kg t=9,62 p=0,01*	2,07 kg t=8,51 p=0,014*
novembro/Prazo de validade	4,97 kg t=6,66 p=0,022*	3,44 kg t=13,66 p=0,005**	3,19 kg t=7,65 p=0,017*
dezembro/abril	3,17 kg t=5,11 p=0,036*	1,59 kg t=9,8 p=0,01*	1,88 kg t=7,93 p=0,015*
dezembro/Prazo de validade	4,55 kg t=6,89 p=0,02*	3,21 kg t=15,77 p=0,004**	3,0 kg t=7,32 p=0,018*
janeiro/abril	2,81 kg t=4,14 p=0,054	0,64 kg t=8,35 p=0,014*	1,08 kg t=3,69 p=0,066
janeiro/Prazo de validade	4,19 kg t=5,86	2,98 kg t=14,43	2,2 kg t=4,76
	p=0,028*	p=0,005**	p=0,041*
fevereiro/abril	2,31 kg t=3,88 p=0,06	1,17 kg t=7,27 p=0,018*	0,81 kg t=3,67 p=0,067
fevereiro/Prazo de validade	3,69 kg t=5,85 p=0,028*	2,79 kg t=13,28 p=0,006**	1,9 kg t=4,77 p=0,041*
março/abril	1,21 kg t=5,83 p=0,028*	0,79 kg t=7,57 p=0,017*	0,16 kg t=3,55 p=0,071
março/Prazo de validade	2,59 kg t=9,06 p=0,012*	2,41 kg t=10,10 p=0,009**	1,28 kg t=6,17 p=0,025*
abril/Prazo de validade	1,38 kg t=9,32 p=0,011*	1,62 kg t=4,73 p=0,042*	1,12 kg t=5,26 p=0,034*

*p<0,05 **p<0,01

Durante o período de três anos analisado, as perdas médias de massa foram estatisticamente insignificantes (p = 0,07). Diferenças na massa média de 21,07 ± 1,85 em 2010/2011, 20,61 ± 1,4 em 2011/2012 e 19,28 ± 1,55 em 2012/2013 foram insuficientes para confirmar como estatisticamente significativas, porque as condições de armazenamento foram rigorosamente controladas (temperatura e humidade) (Tabela 13, Figura 7).

Tabela 13. Diferenças testadas da massa média dos bolbos durante os três anos de investigação na câmara frigorífica

Ano/época	Número de medições	Massa dos bolbos/kg (média±SD)

2010/2011	9	21,07±1,85
2011/2012	9	20,61±1,4
2012/2013	9	19,28±1,55
Análise de Variância F=2,97 p=0,07		

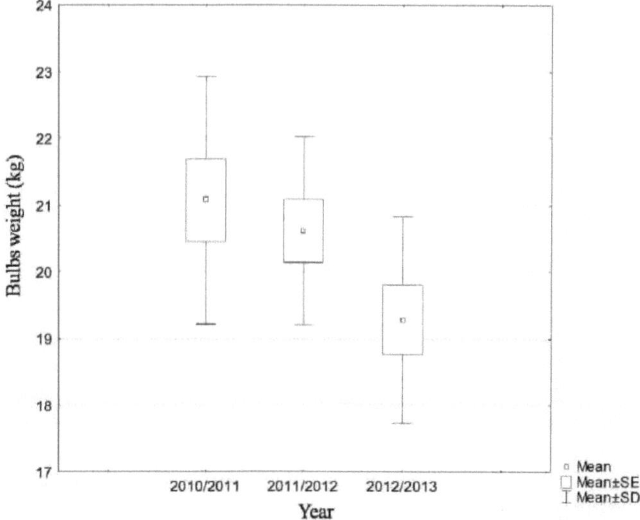

Figura 7. Peso médio dos bolbos durante os três anos de investigação na câmara frigorífica

Durante o armazenamento dos bolbos de cebola em câmara frigorífica, bem como durante o armazenamento tradicional, verificou-se uma correlação estatisticamente significativa entre o período de armazenamento dos bolbos em câmara frigorífica e a massa média. Os coeficientes de correlação calculados (r) são apresentados no quadro 14. Os resultados mostraram que a massa diminuiu com o aumento do tempo de armazenagem dos bolbos na câmara frigorífica (Figura 8, Figura 9 e Figura 10).

Assim, se compararmos os coeficientes de correlação do armazenamento tradicional (r = - 0,87, r = -0,78, r = -0,93) com os da câmara frigorífica (r = -0,94, r = - 0,91, r = - 0,95), nota-se que eles apresentam valores mais elevados nos bolbos que são armazenados em câmara frigorífica, o que mostra que a massa média está fortemente relacionada com o tempo de armazenamento em câmara frigorífica do que com o armazenamento tradicional. Conclui-se que quanto mais tempo os bolbos são armazenados em frigorífico, menor é a perda de massa em relação ao armazenamento tradicional.

Tabela 14. Correlação - comprimento do armazém/massa de lâmpadas na câmara frigorífica

Ano/época	Coeficiente de Pearson	valor de p
2010/2011	r = -0,94	0,000*
2011/2012	r = -0,91	0,001*
2012/2013	r = -0,95	0,000*

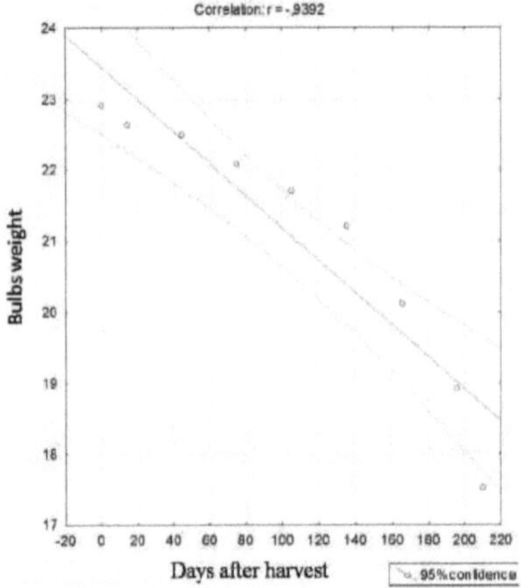

Figura 8. Correlação - tempo de armazenamento/peso dos bolbos na câmara frigorífica, 2010/2011

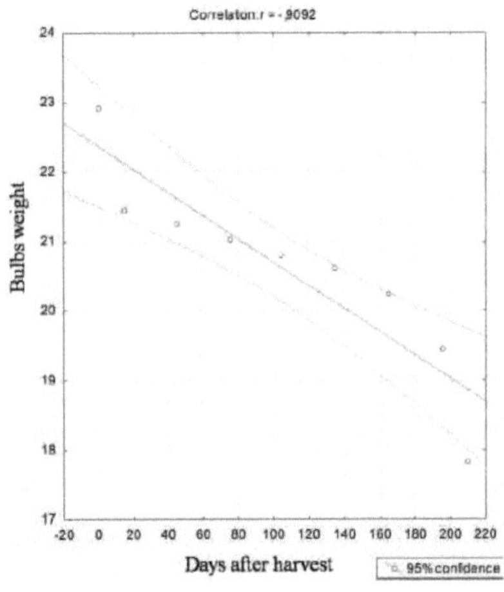

Figura 9. Correlação - comprimento de armazenamento/peso dos bolbos na câmara frigorífica, 2011/2012

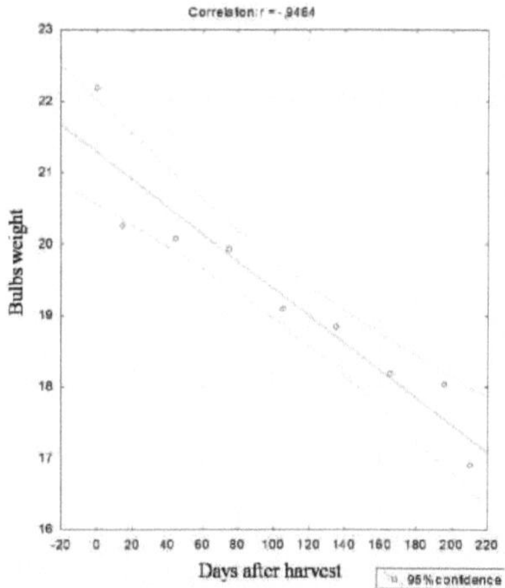

Figura 10. Correlação - comprimento do armazenamento/peso dos bolbos na câmara frigorífica, 2012/2013

Na Tabela 15 são apresentados os resultados das diferenças testadas no peso médio dos bulbos entre os que foram armazenados tradicionalmente e os armazenados em câmara fria nos três anos analisados. A diferença estatisticamente significativa só foi confirmada em 2011/2012 (p = 0,00004), como resultado da perda de peso médio significativamente maior no grupo de bolbos que foram armazenados tradicionalmente em comparação com os armazenados em câmara fria (25,19 ± 1,87 vs 20,61 ± 1,41). Isto sugere que os bolbos são relativamente bem armazenados na câmara frigorífica e na forma tradicional de armazenamento.

Tabela 15. Diferenças testadas na massa média de bolbos no modo tradicional de armazenamento/ câmara frigorífica

Ano/época	Modo tradicional média±SD	Câmara fria média±SD	teste t	valor de p
2010/2011	19,9±3,87	21,07±1,85	0,81	0,43
2011/2012	25,19±1,87	20,61±1,41	5,74	0,000039**
2012/2013	18,91±2,99	19,28±1,55	0,32	0,75

**p<0,01

3.1.2. PERCENTAGEM DE PERDA DE PESO (%)

A perda de peso é determinada pela alteração do peso em relação ao peso inicial, expressa em percentagem (Baninasab e Rahemi, 2006). A perda de peso após 15 dias de colheita em outubro, em 2010/2011, foi de 5,9±1,1 %, enquanto a percentagem de perda de peso aumentou em abril, após 195 dias de colheita, e atingiu 52,24±7,43 %. Em 2011/2012, a perda atingiu um valor de 5,03±0,89 em outubro para 23,73±5,15 % em abril, e em 2012-2013 de 10,05±0,82 % para 42,72±4,31 % (quadro 16, figura 11).

De acordo com a investigação de Simonov (1980), a perda total de peso ascendeu a 50,1%, quando a buchinska arshlama foi armazenada em armazéns de outubro a abril, o que coincidiu com a nossa investigação para 2010/2011.

O coeficiente de variação mostra que a perda de peso dos bulbos em 2010/2011 teve as menores variações em março (2,05%), enquanto a maior em fevereiro (21,28%). Em 2011/2012, as menores variações foram registadas em fevereiro (13,44%), e as maiores em abril (21,7%), enquanto em 2012/2013 a variação foi a menor em março (4,35%), e a maior em janeiro (15,63%).

Quadro 16. Perda de peso na armazenagem tradicional em %

Período de medição	2010/2011		2011/2012		2012/2013	
	média±SD	KV	média±SD	KV	média±SD	KV
Antes de carregar outubro	5,9±1,1	18,61%	5,03±0,89	17,69%	10,05±0,82	8,16%
novembro	8,4±0,87	10,36%	6,03±0,91	15,09%	12,53±0,86	6,86%
dezembro	9,85±0,76	7,71%	6,56±0,96	14,63%	14,92±2,29	15,35%
janeiro	11,33±0,68	6,0%	6,75±0,91	13,48%	18,75±2,93	15,63%
fevereiro	15,32±3,26	21,28%	7,07±0,95	13,44%	21,36±1,84	8,61%
março	24,86±0,51	2,05%	7,75±1,22	15,74%	28,99±1,26	4,35%
abril	52,24±7,43	14,22%	23,73±5,15	21,7%	42,72±4,31	10,09%

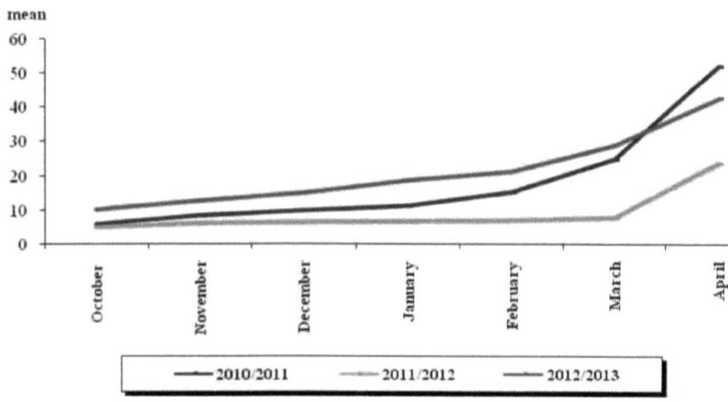

Figura 11. Percentagem de perda de peso durante os três anos de investigação no modo de armazenamento tradicional (2010/2011, 2011/2012 e 2012/2013)

As diferenças testadas na perda de peso média dos bolbos tradicionalmente armazenados em outubro/abril, novembro/abril, dezembro/abril, janeiro/abril, fevereiro/abril e março/abril nos três anos foram estatisticamente significativas ao nível de p <0,05 ou p <0,01. Estas diferenças resultaram de uma maior perda de peso médio dos bolbos em abril em comparação com os outros meses (Quadro 17).

Quadro 17. Diferenças testadas de acordo com a percentagem de perda de peso no modo de armazenamento tradicional

Período de medição	Diferenças testadas		
	2010/2011	2011/2012	2012/2013
Antes do carregamento outubro/abril	46,34% t=9,67 p=0,01*	18,7 % t=5,45 p=0,032	32,67 % t=11,52 p=0,007**
novembro/abril	43,84 % t=9,39 p=0,011*	17,7 % t=5,14 p=0,036*	30,19 % t=10,39 p=0,009**
dezembro/abril	42,39 % t=10,41 p=0,009**	17,17 % t=4,87 p=0,04*	27,8 % t=8,78 p=0,013*
janeiro/abril	40,91 % t=10,07 p=0,01*	16,98 % t=4,86 p=0,04*	23,97 % t=5,92 p=0,027*
fevereiro/abril	36,92 % t=10,47 p=0,009**	16,66 % t=4,74 p=0,041*	21,36 % t=6,06 p=0,026*
março/abril	27,38 % t=6,51 p=0,023*	15,98 % t=4,42 p=0,047*	13,73 % t=5,73 p=0,029*

*p<0,05 **p<0,01

As diferenças na porcentagem de perda de peso entre os três anos analisados foram significativamente diferentes estatisticamente (p = 0,0256), em decorrência da perda de peso média significativamente maior em 2012/2013 em relação a 2011/2012 (p = 0,013) (Tabela 18, Figura 12).

Tabela 18. Diferenças testadas na percentagem de perda de peso durante os três anos de investigação no modo de armazenamento tradicional

Ano/época	Número de medições	Percentagem de perda de peso % (média±SD)
2010/2011	7	18,24±16,22
2011/2012	7	8,99±6,56
2012/2013	7	21,33±11,32
Teste de Kruskal-Wallis: H (2, N= 21) =7,332096 p =0,0256* 2010/2011-2011/2012 p=0, 062010/2011 - 2012/2013 p=0,28 2011/2012-2012/2013 p=0,013*		

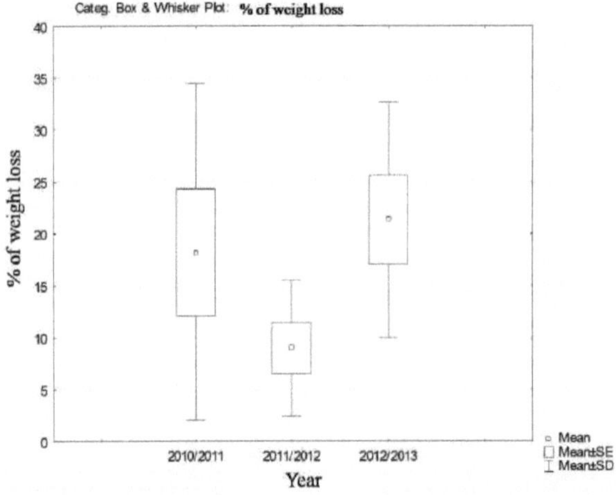

Figura 12. Percentagem de perda de peso durante os três anos de investigação no modo de armazenamento tradicional

A perda de peso média dos bolbos que foram armazenados na câmara frigorífica em 2010/2011 foi de 5,93±1,17 % em outubro, ou antes do carregamento, para 27,17±5,91 % após 2 semanas de armazenamento dos bolbos a uma temperatura de 14°C a 16°C. Em

2011/2012, a perda de peso média em outubro, ou quando foi feita a primeira medição, foi de 6,37±2,71%, enquanto 22,1±3,86% desde que a última medição foi feita após a simulação dos bolbos nas condições de mercado. No último ano analisado, a perda de peso média de 8,84±1,19% em outubro aumentou para 23,82±4,2 após o procedimento de conservação (Quadro 19, Figura 13).

De acordo com Sharma K. *et al.* (2015), ao armazenar bolbos em condições controladas, a perda de peso no final da armazenagem ascendeu a 20-30%, dependendo das condições de armazenagem, o que coincidiu com a perda de peso da cebola 'buchinska arshlama' armazenada em câmara frigorífica.

As variações na percentagem de perda de peso em 2010/2011 foram as mais baixas em janeiro (15,78%), enquanto as mais altas após a remoção dos bolbos do armazém e 2 semanas de armazenamento a 14°C a 16°C (21,75%). Em 2011/2012, o coeficiente de variação teve o valor mais baixo de 17,43% em abril, mas o mais alto de 42,54% em outubro, antes do carregamento dos bolbos para armazenamento. Em 2012/2013, a menor variação na percentagem de perda de peso foi registada em janeiro (7,03%), enquanto a maior após a simulação das condições do mercado foi de (17,67%) (Tabela 19).

Quadro 19. Perda de peso na armazenagem em câmara frigorífica em %

Período de medição	2010/2011		2011/2012		2012/2013	
	média±SD	KV	média±SD	KV	média±SD	KV
Antes de carregar outubro	5,93±1,17	19,33%	6,37±2,71	42,54%	8,84±1,19	13,46%
novembro	6,58±1,33	20,21%	7,14±2,66	37,25%	9,48±1,31	13,82%
dezembro	8,33±1,91	22,93%	8,13±3,09	38,01%	10,3±1,35	13,11%
janeiro	9,82±1,55	15,78%	9,1±3,0	32,97%	13,95±0,98	7,03%
fevereiro	11,87±1,94	16,34%	9,95±2,94	29,55%	15,16±1,23	8,11%
março	16,42±4,59	27,95%	11,61±3,0	26,01%	18,04±3,04	16,85%
abril	21,44±5,93	27,66%	15,09±2,63	17,43%	18,76±2,78	14,82%
duração de conservação 2 semanas a 14°C - 16°C	27,17±5,91	21,75%	22,1±3,86	17,47%	23,82±4,2	17,67%

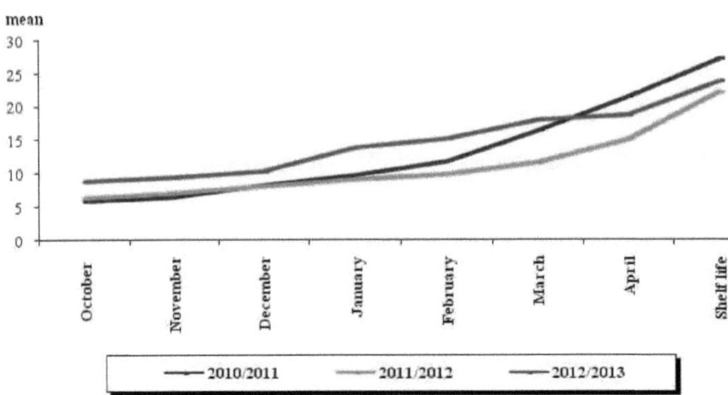

Figura 13. Percentagem de perda de peso para os três anos de investigação durante o armazenamento em câmaras frigoríficas (2010/2011, 2011/2012 e 2012/2013)

Os valores do teste t e p para as diferenças testadas na percentagem média de perda de peso dos bolbos de cebola são apresentados no Quadro 20, incluindo também a última medição, ou após um período de conservação, e todas as medições ou meses anteriores.

A análise estatística das diferenças entre a perda de peso média referente à última medição, ou seja, o processo de vida útil e todas as medições anteriores (meses) foram confirmadas como significativas como resultado de uma perda de peso média significativamente maior após um armazenamento de 2 semanas dos bolbos a 14°C - 16°C em comparação com os meses anteriores nos três anos analisados. A exceção a este comentário é que não houve diferenças estatisticamente significativas em 2010/2011 entre fevereiro/abril (p = 0,058) e janeiro/abril e fevereiro/abril 2012/2013 (p = 0,059 e p = 0,07) (Tabela 20).

Tabela 20. Diferenças testadas na percentagem de perda de peso em bolbos de cebola armazenados em câmaras frigoríficas

Período de medição	Diferenças testadas		
	2010/2011	2011/2012	2012/2013
outubro/abril	15,51 % t=5,09 p=0,036*	8,72 % t=9,16 p=0,012*	9,92 % t=10,43 p=0,009**
outubro/Prazo de validade	21,24 % t=6,76 p=0,021*	15,73 % t=23,55 p=0,018*	14,98 % t=8,6 p=0,013*
novembro/abril	14,86 % t=5,2 p=0,035*	7,95 % t=8,73 p=0,013*	9,28 % t=10,04 p=0,009**
novembro/Prazo de validade	20,59 % t=6,98 p=0,02*	14,96 % t=21,43 p=0,002**	14,34 % t=8,53 p=0,013*

dezembro/abril	13,11 % p=0,034* t=5,28	6,96 % p=0,014* t=8,12	8,46 % t=9,29 p=0,011*
dezembro/Prazo de validade	18,84 % p=0,018* t=7,24	13,97 % p=0,001** t=26,63	13,52 % t=8,14 p=0,015*
janeiro/abril	11,62 % p=0,049* t=4,26	5,99 % p=0,019* t=7,14	4,81 % t=3,94 p=0,059
janeiro/Prazo de validade	17,34 % p=0,026* t=6,11	13,00 % p=0,002** t=23,08	9,87 % t=5,08 p=0,037*
fevereiro/abril	9,57 % p=0,058 t=3,98	5,14 % p=0,024* t=6,36	3,60 % t=3,9 p=0,06
fevereiro/Prazo de validade	15,30 % p=0,025* t=6,1	12,15 % p=0,002** t=20,22	8,66 % t=5,14 p=0,037*
março/abril	5,02 % p=0,026* t= 6,09	3,48 % p=0,024* t=6,26	0,72 % t=3,48 p=0,07
março/Prazo de validade	10,75 % p=0,01* t=9,78	10,49 % p=0,006** t=13,03	5,78 % t=6,26 p=0,024*
abril/Prazo de validade	5,73 % p=0,01* t=9,9	7,01 % p=0,035* t=5,16	5,06 % t=5,42 p=0,032*

*p<0,05 **p<0,01

A percentagem média de perda de peso dos bolbos de cebola que foram armazenados em câmaras frigoríficas não depende significativamente do ano de armazenamento (p = 0,5). Este comentário estatístico é o resultado das diferenças testadas na perda de peso média global dos bolbos em 2010/2011, 2011/2012 e 2012/2013. As diferenças que existem entre as percentagens médias de perda de peso obtidas (13,44 ± 7,62%, 11,19 ± 5,2% e 14,79 ± 5,24%) são insuficientes para as verificar como estatisticamente significativas. Este facto deve-se às condições de controlo existentes na câmara frigorífica (Tabela 21, Figura 14).

Quadro 21. Percentagem de perda de peso durante três anos de armazenamento de bolbos de cebola numa câmara frigorífica

Ano	Número de medições	Percentagem de perda de peso % (média±SD)
2010/2011	8	13,44±7,62
2011/2012	8	11,19±5,2
2012/2013	8	14,79±5,24
Análise de Variância F=0,75 p =0,5		

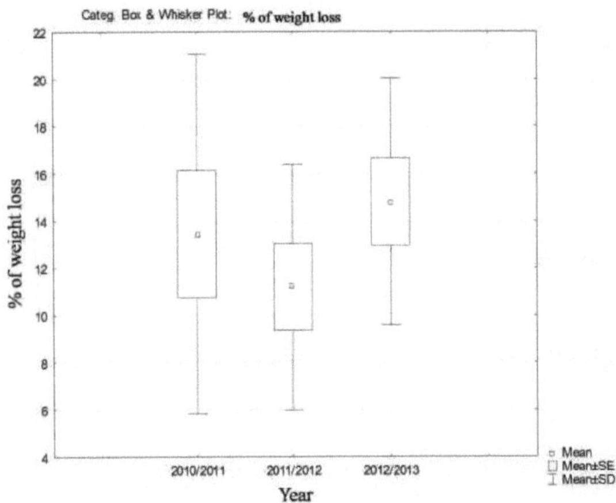

Figura 14. Percentagem de perda de peso durante três anos de investigação durante o armazenamento de bolbos de cebola numa câmara frigorífica

Os bolbos que foram armazenados tradicionalmente e em câmaras frigoríficas não diferem significativamente em termos de perda de peso média nos três anos analisados, o que indica que os bolbos são igualmente bons armazenados tradicionalmente e em câmaras frigoríficas.

(Quadro 22).

Tabela 22. Valores médios da percentagem de perda de peso dos bolbos de cebola armazenados de forma tradicional e em câmara frigorífica

Ano	Armazenagem tradicional média±SD	Câmara fria média±SD	Teste	valor de p
2010/2011	18,24±16,22	13,44±7,62	Z=0,23	0,82
2011/2012	8,99±6,56	11,19±5,2	t=0,72	0,48
2012/2013	21,33±11,32	14,79±5,24	t=1,47	0,17

Z (Teste U de Mann-Whitneu)

Matkovic H. (2012) e Opara L.U. (2003) afirmaram que após a colheita com cura, os bolbos de cebola desidrataram e perderam cerca de 3-5% do peso. Em nossas pesquisas, as perdas durante a cura no armazenamento tradicional para 2010/2011, 2011/2012 e 2012/2013, foram em média 5,9 ± 1,1%, 5,03 ± 0,89% e 10,05 ± 0 82%, respetivamente, enquanto os bulbos que foram armazenados em câmaras frigoríficas as perdas totalizaram 5,93 ± 1,17%, 6,37 ± 2,71% e 8,84 ± 1,19%, respetivamente. As perdas mais elevadas registadas no nosso estudo resultam do período mais longo de cura e das condições durante o período seco.

Abrameto MA *et al.* (2010) afirmaram que as perdas de peso variavam de acordo com a variedade e a sua especificidade e que durante o primeiro mês de armazenamento ascendiam a 2-5%. Em comparação com o nosso estudo, as perdas no primeiro mês de armazenamento em todos os anos, tanto no armazenamento tradicional como na câmara frigorífica, foram inferiores a 1%, exceto em 2010/2011 no armazenamento tradicional (2,5%).

3.2. BOLBOS COMERCIALIZÁVEIS

A percentagem de bolbos comercializáveis em modo tradicional de armazenamento em 2010/2011, foi de 94,1 ± 1,1% na primeira medição, antes do carregamento, para 12,71 ± 1,62% na última medição em abril. Em 2011/2012 para os mesmos períodos de tempo, a percentagem de bolbos comercializáveis foi de 94,97 ± 0,89% para 47,45 ± 10,95%, enquanto que em 2012/2013 a percentagem de bolbos comercializáveis foi de 89,95 ± 0,82% antes do carregamento para 14,99 ± 4,43% em abril (Tabela 23, Figura 15).

A percentagem de bolbos comercializáveis em 2010/2011 apresentou a menor variação em dezembro (0,62%), enquanto a maior em abril (15,78%). Em 2011/2012, a menor variação na percentagem de bolbos comercializáveis registou-se em outubro (0,94%), mas a maior em abril (23,08%). Esta tendência de variação na percentagem de bolbos comercializáveis também se verificou na última época 2012/2013, onde o coeficiente de variação foi o mais baixo em outubro (0,91%), mas o mais elevado em abril (29,55%) (Tabela 23).

Tabela 23. Bolbos comercializáveis na armazenagem tradicional, em %

Período de medição	2010/2011		2011/2012		2012/2013	
	média±SD	KV	média±SD	KV	média±SD	KV
Antes de carregar outubro	94,1±1,1	1,17%	94,97±0,89	0,94%	89,95±0,82	0,91%
novembro	91,59±0,84	0,92%	93,97±0,91	0,97%	86,83±1,48	1,7%
dezembro	89,79±0,56	0,62%	93,94±0,96	1,03%	82,92±2,67	3,22%
janeiro	86,69±3,36	3,87%	93,25±0,91	0,98%	80,37±2,3	2,86%
fevereiro	76,69±4,57	5,73%	92,93±0,95	1,02%	74,45±1,3	1,75%
março	54,25±8,56	15,78%	85,61±4,82	5,63%	59,78±3,57	5,97%
abril	12,71±1,62	12,74%	47,45±10,95	23,08%	14,99±4,43	29,55%

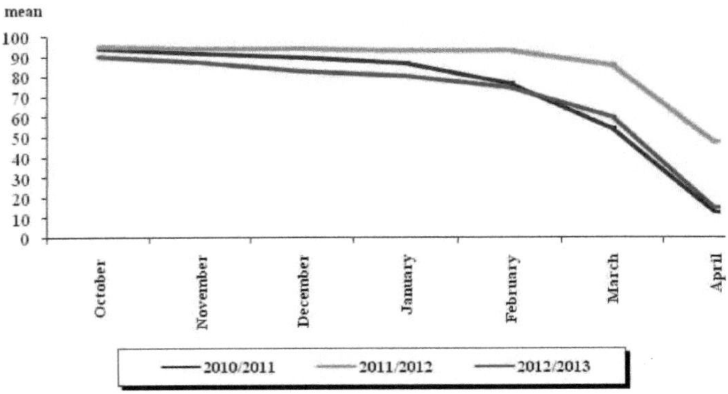

Figura 15. Percentagem de bolbos comercializáveis para os três anos de investigação no modo de armazenamento tradicional (2010/2011, 2011/2012 e 2012/2013)

A análise estatística das diferenças identificadas na percentagem de bolbos comercializáveis, entre abril e todos os períodos ou meses anteriores, revelou-se significativa ao nível de p <0,05 e p <0,01. Podemos concluir que durante o triénio analisado, a percentagem de bolbos comercializáveis foi significativamente menor no mês de abril em relação aos períodos ou meses anteriores analisados, ou seja: outubro, novembro, dezembro, janeiro, fevereiro e março (Tabela 24).

Tabela 24. Diferenças testadas na percentagem de bolbos comercializáveis no modo de armazenamento tradicional

Período de medição	Diferenças testadas		
	2010/2011	2011/2012	2012/2013
outubro/abril	81,39 % t=56,74 p=0,0003**	47,52 % t=7,23 p=0,019*	74,96 % t=30,35 p=0,0011**
novembro/abril	78,88 % t=59,92 p=0,0003**	46,52 % t=7,07 p=0,019*	71,84 % t=27,89 p=0,001**
dezembro/abril	77,08 % t=78,83 p=0,0002**	46,49 % t=6,79 p=0,021*	67,93 % t=28,59 p=0,001**
janeiro/abril	73,98 % t=56,3 p=0,0003**	45,8 % t=6,83 p=0,021*	65,38 % t=20,93 p=0,002**
fevereiro/abril	63,98 % t=38,64	45,48 % t=6,77	59,46 % t=29,54
	p=0,0007**	p=0,021*	p=0,001**
março/abril	41,54 % t=8,55 p=0,013*	38,16 % t=9,17 p=0,012*	44,79 % t=22,68 p=0,002**

*p<0,05 **p<0,01

A percentagem de bolbos comercializáveis diferiu ligeiramente nos três anos analisados (p = 0,11). A análise estatística comprovou que as diferenças de bulbos comercializáveis referentes a 2010/2011, 2011/2012 e 2012/2013 não apresentaram significância, o que indica que a porcentagem de bulbos comercializáveis não depende do ano investigado (Tabela 25, Figura 16).

Tabela 25. Diferenças testadas na percentagem de bolbos comercializáveis durante três anos no modo de armazenamento tradicional

Ano	Número de medições	Percentagem de bolbos comercializáveis % (média±SD)
2010/2011	7	72,68±29,69
2011/2012	7	85,94±17,25
2012/2013	7	69,9±26,16
Teste de Kruskal-Wallis: H (2, N= 21) =4,474954 p =0,11		

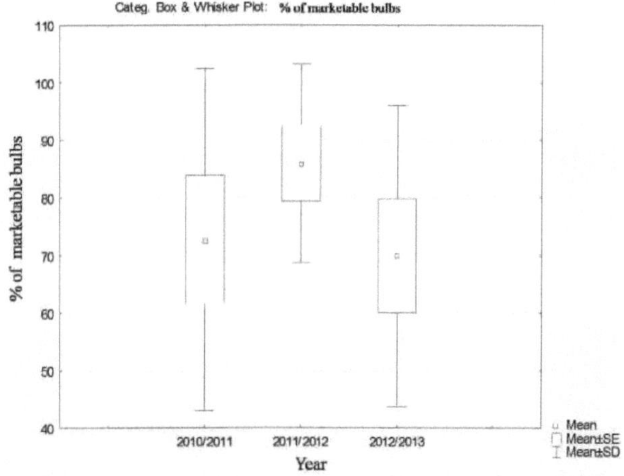

Figura 16. Valores médios da percentagem de bolbos comercializáveis durante os três anos de investigação no modo de armazenamento tradicional

De acordo com Matkovic H. (2012) e Ilic Z., et.al (2009), o armazenamento prolongado em condições ambientais provocou um declínio dos bolbos comercializáveis de 40 a 60%. No nosso caso, no armazenamento tradicional durante seis meses, o declínio de bolbos comercializáveis foi o mesmo que os resultados anteriores em 2011/2012 para cerca de 47%

ou muito mais elevado para cerca de 81% em 2010/2011, e 74% em 2012/2013.

A percentagem de bolbos comercializáveis que foram armazenados em câmara frigorífica em 2010/2011 em média foi de 94,07 ± 1,17% em outubro, antes do carregamento, e após seis meses de armazenamento a percentagem diminuiu e ascendeu a 68,43 ± 3,92% na última medição, ou seja, após duas semanas de armazenamento a uma temperatura de 14°C a 16°C (prazo de validade). Em 2011/2012, em outubro, a percentagem de bolbos comercializáveis em média foi de 93,63 ± 2,71%, enquanto que após simular as condições de mercado foi de 73,38 ± 4,42%. No último ano analisado 2012/2013 em outubro, a percentagem de bolbos comercializáveis da média de 91,16 ± 1,19% diminuiu para 74,84 ± 3,39% na última medição (Tabela 26, Figura 17).

O coeficiente de variação mostrou que a menor variação na percentagem de bolbos comercializáveis em 2010/2011 foi em outubro de 1,24%, e a maior em abril de 9,68%. No ano seguinte 2011/2012, a menor variação na percentagem de bolbos comercializáveis foi registada em novembro para cerca de 2,86%, e a maior de 6,02% após simulação das condições do mercado, enquanto que no último ano analisado 2012/2013, o menor valor de coeficiente de variação (0,78%) foi determinado em dezembro e o maior (5,08%) em abril (Tabela 26).

Tabela 26. Bolbos comercializáveis na câmara frigorífica, em %

Período de medição	2010/2011		2011/2012		2012/2013	
	média±SD	KV	média±SD	KV	média±SD	KV
Antes de carregar outubro	94,07±1,17	1,24%	93,63±2,71	2,89%	91,16±1,19	1,31%
novembro	93,42±1,33	1,42%	92,86±2,66	2,86%	90,52±1,31	1,45%
dezembro	91,32±1,38	1,51%	91,87±3,09	3,36%	88,84±0,69	0,78%
janeiro	89,86±1,99	2,21%	90,89±3,0	3,3%	86,05±0,98	1,14%
fevereiro	85,34±3,1	3,6%	89,41±3,1	3,42%	83,22±2,74	3,29%
março	80,43±6,05	7,52%	86,8±2,57	2,96%	81,96±3,0	3,71%
abril	74,7±7,23	9,68%	79,92±4,1	5,12%	80,15±4,07	5,08%
prazo de validade 2 semanas em 14°C - 16°C	68,43±3,92	5,73%	73,38±4,42	6,02%	74,84±3,39	4,53%

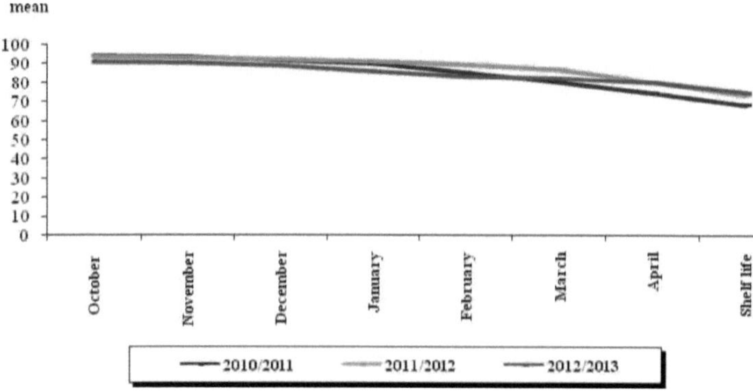

Figura 17. Percentagem de bolbos comercializáveis durante os três anos de armazenamento em câmara frigorífica (2010/2011, 2011/2012 e 2012/2013)

Em 2010/2011, a percentagem de bolbos comercializáveis em abril e após a sua retirada da câmara frigorífica e armazenamento de 2 semanas a 14°C-16°C foi significativamente menor do que a percentagem em outubro, novembro, dezembro, janeiro e março. Em 2011/2012, a redução da percentagem de bolbos comercializáveis em abril e após o procedimento de conservação foi significativamente menor do que a percentagem medida em todos os meses anteriores. Em 2012/2013, a percentagem de bolbos comercializáveis em abril foi significativamente menor em comparação com outubro e novembro, enquanto que após a sua remoção da câmara fria e armazenamento de 2 semanas a 14°C-16°C foi significativamente menor em comparação com outubro, novembro, dezembro, janeiro, fevereiro e março (Tabela 27).

Tabela 27. Diferenças testadas na percentagem de bolbos comercializáveis durante o armazenamento em câmara frigorífica

Período de medição	Diferenças testadas		
	2010/2011	2011/2012	2012/2013
outubro/abril	19,37 % t=5,01 p=0,037*	13,71 % t=16,91 p=0,003**	11,01 % t=6,28 p=0,024*
outubro/Prazo de validade	25,64 % t=12,73 p=0,006**	20,25 % t=19,69 p=0,002**	16,32 % t=12,75 p=0,006**
novembro/abril	18,72 % t=5,09 p=0,036*	12,94 % t=15,31 p=0,004**	10,37 % t=5,96 p=0,026*
novembro/Prazo de validade	24,99 % t=13,67 p=0,005**	19,48 % t=18,67 p=0,002**	15,68 % t=13,01 p=0,006**

dezembro/abril	16,62 % t=4,81 p=0,041*	11,95 % t=17,03 p=0,003**	8,69 % t=3,87 p=0,061
dezembro/Prazo de validade	22,89 % t=14,48 p=0,005**	18,49 % t=24,16 p=0,002**	14,00 % t=8,39 p=0,014*
janeiro/abril	15,16 % t=4,69 p=0,042*	10,97 % t=14,89 p=0,004**	5,90 % t=2,89 p=0,102
janeiro/Prazo de validade	21,43 % t=15,06 p=0,004**	17,51 % t=21,43 p=0,002**	11,21 % t=7,79 p=0,016*
fevereiro/abril	10,64 % t=3,18 p=0,086	9,49 % t=9,72 p=0,01*	3,07 % t=3,6 p=0,069
fevereiro/Prazo de validade	16,91 % t=9,23 p=0,011*	16,03 % t=18,69 p=0,003**	8,38 % t=11,34 p=0,008**
março/abril	5,73 % t=5,9 p=0,027*	6,88 % t=4,51 p=0,046*	1,81 % t=2,85 p=0,104
março/Prazo de validade	12,00 % t=8,82 p=0,013*	13,42 % t=9,64 p=0,011*	7,12 % t=8,44 p=0,014*
abril/Prazo de validade	5,97 % t=3,29 p=0,081	6,54 % t=11,84 p=0,007**	5,31 % t=4,27 p=0,051

*p<0,05 **p<0,01

A percentagem de bolbos comercializáveis em 2010/2011 foi de 84,69 ± 9,39%, em 2011/2012 ascendeu a 87,34 ± 7,15%, enquanto que em 2012/2013 foi de 84,59 ± 5,6%. As diferenças nos valores médios da percentagem de bolbos comercializáveis que foram armazenados em câmara frigorífica, nos três anos analisados, foram estatisticamente insignificantes (p = 0,7), em resultado das condições controladas na câmara frigorífica (Tabela 28, Figura 18).

Quadro 28. Diferenças testadas na percentagem de bolbos comercializáveis para o armazenamento de três anos de bolbos de cebola em câmara frigorífica

Ano	Número de medições	Percentagem de bolbos comercializáveis % (média±SD)
2010/2011	8	84,69±9,39
2011/2012	8	87,34±7,15
2012/2013	8	84,59±5,6
Análise de Variância F=0,34 p =0,71		

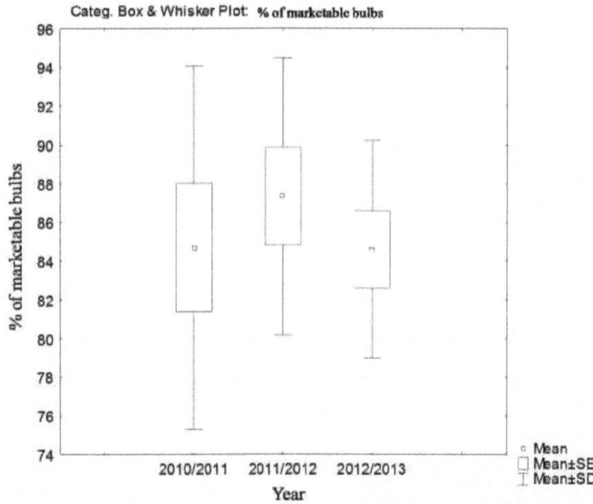

Figura 18. Valores médios da percentagem de bolbos comercializáveis durante três anos de armazenamento de bolbos de cebola em câmara frigorífica

As diferenças testadas entre os valores médios da percentagem de bolbos comercializáveis armazenados de forma tradicional e em câmara frigorífica foram estatisticamente insignificantes nos três anos analisados (p = 0,29, p = 0,84 e p = 0,14, respetivamente). O armazenamento dos bolbos, de forma tradicional e em câmara frigorífica, no nosso caso, não mostrou efeito significativo nos valores médios da percentagem de bolbos comercializáveis (Quadro 29).

Quadro 29. Valores médios da percentagem de bolbos comercializáveis armazenados tradicionalmente e em câmara frigorífica, por ano

Ano	Modo tradicional de armazenagem média±SD	Câmara fria média±SD	teste t	valor de p
2010/2011	72,69±29,7	84,7±9,4	1,09	0,29
2011/2012	85,95±17,25	87,34±7,15	0,21	0,84
2012/2013	69,9±26,16	84,59±5,6	1,56	0,14

3.3. LÂMPADAS GERMINADAS

Uma das alterações fisiológicas durante o armazenamento é a germinação dos bolbos, que reduz a qualidade e torna o produto pouco competitivo no mercado. Os bolbos são germinados quando as folhas emergem do colo (Qadir *et al.*, 2007). Estes autores sugeriram que a germinação é causada por dois factores principais: a indução de citocininas e a redução do ácido abcisínico, bem como o stress causado por lesões, baixas temperaturas ou choque térmico.

Em nossa pesquisa a brotação no armazenamento tradicional iniciou com menor intensidade em dezembro após 75 dias de armazenamento em 2010/2011, posteriormente com alta intensidade em abril (após 195 dias) em 2011/2012, enquanto a mais precoce em novembro (após 45 dias) em 2012/2013. Ao contrário do armazenamento tradicional, no armazenamento em câmara fria a germinação iniciou-se em dezembro (após 75 dias) em 2010/2011, em fevereiro (após 235 dias) em 2011/2012, e em abril (após 195 dias) em 2012/2013 (Quadro 30).

De acordo com a investigação de Biswas *et al.* (2010), os bolbos começaram a brotar após 90 dias de armazenamento. No nosso estudo, a germinação mais precoce foi o resultado das caraterísticas da variedade e das condições de armazenamento.

A germinação foi maior no final do armazenamento, tanto tradicional como em câmara fria.

A percentagem de bolbos germinados, armazenados de forma tradicional, foi a mais elevada no mês de abril durante o triénio em análise e atingiu 32,06% em 2010/2011, 10,85% em 2011/2012 e 40,22% em 2012/2013. No armazenamento em câmaras frigoríficas a percentagem de bolbos com bico foi baixa e atingiu 3,07% em abril em 2010/2011 e 1,39% após o procedimento de conservação em 2011/2012 e 2012/2013 (Tabela 30).

Tabela 30. Bolbos germinados no modo de armazenamento tradicional e em câmara fria em %

Dias	Período de medição	2010/2011		2011/2012		2012/2013	
		T	C	T	C	T	C
0	Colheita						
15	outubro						
45	novembro					1,26	
75	dezembro	1,09	0,91			1,24	
105	janeiro	1,09					
135	fevereiro	1,94	1,63		1,05		
165	março	18,14	2,65			6,98	
195	abril	32,06	3,07	10,85	0,58	40,22	0,52

| 210 | Prazo de validade 2 semanas em 14 C-16 C°° | - | 2,51 | - | 1,39 | - | 1,39 |
| | Total | 54,32 | 10,77 | 10,85 | 3,02 | 49,7 | 1,91 |

T- modo tradicional de armazenagem, C- câmara frigorífica

3.4. LÂMPADAS DOENTES

Na nossa investigação, os agentes patogénicos dominantes na cebola foram *Botrytis sp.* e o fungo saprófita *Penicillium*. De acordo com Biswas *et al.* (2010), o apodrecimento dos bolbos começou no 75º dia de armazenamento, o que coincide com os nossos resultados na câmara fria em 2012/2013.

A percentagem de bolbos doentes, que se encontravam armazenados tradicionalmente, foi a mais elevada em março (4,12%) em 2010/2011, cerca de 17,97% em abril em 2011/2012, que foi a percentagem mais elevada para todo o período analisado, enquanto que a maior percentagem de bolbos doentes foi registada em março (4,25%) em 2012/2013. Na câmara frigorífica, a maior percentagem de bolbos doentes foi registada em fevereiro (3,46%) em 2010/2011, enquanto que em 2011/2012 e em 2012/2013 a maior percentagem de bolbos infetados foi registada em abril (4,64% e 2,74 % respetivamente) (Tabela 31).

Quadro 31. Bolbos doentes no modo de armazenamento tradicional e na câmara frigorífica, em %

Dias	Período de medição	2010/2011		2011/2012		2012/2013	
		T	C	T	C	T	C
0	Colheita						
15	outubro						
45	novembro					0,69	
75	dezembro					2,00	1,28
105	janeiro	2,42	0,99			1,33	
135	fevereiro	3,06	3,46		0,88	4,19	2,43
165	março	4,12	1,48	9,96	1,59	4,25	
195	abril	3,00	1,05	17,97	4,64	2,07	2,74
210	Prazo de validade 2 semanas em 14⁰ C- 16 C°	-	1,89	-	3,13	-	0,62

	Total	12,6	8,87	27,93	10,24	14,54	7,07

T- modo tradicional de armazenagem, C- câmara frigorífica

3.5. PERDAS TOTAIS

O quadro 32 apresenta as perdas totais da cebola da variedade autóctone "buchinska arshlama" durante a armazenagem tradicional e numa câmara frigorífica. Durante os três anos de investigação, as perdas totais médias (perda de peso, bolbos germinados e doentes) foram de 72,82% no modo de armazenagem tradicional, enquanto na câmara frigorífica as perdas totais foram inferiores e ascenderam a 27,30%.

Segundo Simon D. (1980), ao armazenar a raça autóctone "buchinska arshlama" em armazéns de outubro a abril, as perdas totais foram de 50,15%. Em comparação com a forma tradicional de armazenamento, as perdas são inferiores, mas em comparação com o armazenamento em câmaras frigoríficas são muito superiores. Este facto deve-se às diferentes instalações e condições de armazenagem da cebola "buchinska arshlama".

Quadro 32. Perdas totais durante a armazenagem da cebola da variedade autóctone "buchinska arshlama" em modo tradicional e em câmara frigorífica

Ano	Modo de armazenamento tradicional			Armazenamento em câmaras frigoríficas		
	Perda de peso %	% de bolbos germinados	% de bolbos doentes	Perda de peso %	% de bolbos germinados	% de bolbos doentes
2010/2011	18,24	54,32	12,6	13,44	10,77	8,87
2011/2012	8,99	10,85	27,93	11,19	3,02	10,24
2012/2013	21,33	49,70	14,54	14,79	1,91	7,07
Média	16,18	38,29	18,35	13,37	5,20	8,73
Perdas totais	72,82%			27,30%		

3.6. TEOR DE MATÉRIA SECA TOTAL (%)

A percentagem de matéria seca total era de 9,1% nos bolbos maduros de 'buchinska arshlama' (Simon D., 1980). Kimani P.M. et al. (1993) examinaram 8 variedades estrangeiras e 3 variedades locais de cebola, em que o teor de matéria seca total variava entre 7% e 10% e entre 15% e 20%, consoante a variedade. As variedades 'red synthetic' e 'red creole' apresentaram valores de teor de matéria seca total semelhantes aos da 'buchinska arshlama' (9,1% e 10,1%, respetivamente).

Nesta pesquisa, em relação ao teor de matéria seca total, o maior valor médio de 9,63% foi alcançado em 2010/2011, e o menor valor de 9,53% em 2011/2012 no modo tradicional de armazenamento. A análise estatística determinou diferença não significativa (p = 0,92) em relação aos valores médios do teor de matéria seca total no modo tradicional de armazenamento. O ano de exame não teve um impacto significativo nos valores médios da percentagem de matéria seca total (Quadro 33, Figura 19).

Quadro 33. Teor de matéria seca total dos bolbos armazenados de forma tradicional, em %

Período de medição	2010/2011	2011/2012	2012/2013
Colheita	9,00	8,50	9,50
outubro	9,30	8,70	9,70
novembro	9,50	10,40	9,80
dezembro	9,40	9,50	9,33
janeiro	9,70	10,00	9,27
fevereiro	10,00	9,65	9,53
março	9,62	9,30	9,80
abril	10,49	10,20	9,47
média±SD	9,63±0,46	9,53±0,68	9,55±0,20
2010/2011 - 2011/2012 - 2012/2013 -	Análise de Variância F=0,08 p=0,92		

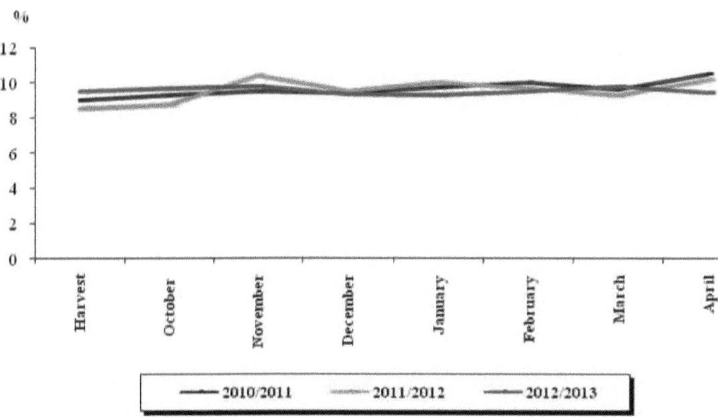

Figura 19. Teor de matéria seca total dos bolbos armazenados de forma tradicional, em %

O maior valor médio de matéria seca total, de 9,43%, foi alcançado no armazenamento em câmara fria em 2011/2012, enquanto o menor valor médio, de 8,79%, foi registrado em

2012/2013. Verificou-se que não houve diferenças significativas (p = 0,058) entre os valores médios para o teor de matéria seca total dos bulbos que foram armazenados na câmara fria nos três anos de pesquisa (Tabela 34, Figura 20).

Quadro 34. Teor de matéria seca total dos bolbos armazenados em câmara frigorífica, em %

Período de medição	2010/2011	2011/2012	2012/2013
Colheita	9,00	8,50	9,50
outubro	9,30	8,70	9,70
novembro	9,20	10,0	7,63
dezembro	9,30	9,30	8,87
janeiro	9,06	9,80	8,00
fevereiro	9,50	10,2	7,80
março	10,00	9,10	9,50
abril	9,90	9,88	9,17
Prazo de validade 2 semanas em 14°C-16°C	9,30	9,30	8,90
média±SD	9,396±0,35	9,43±0,6	8,79±0,79
2010/2011 - 2011/2012 - 2012/2013	Análise de Variância F=3,22 p=0,058		

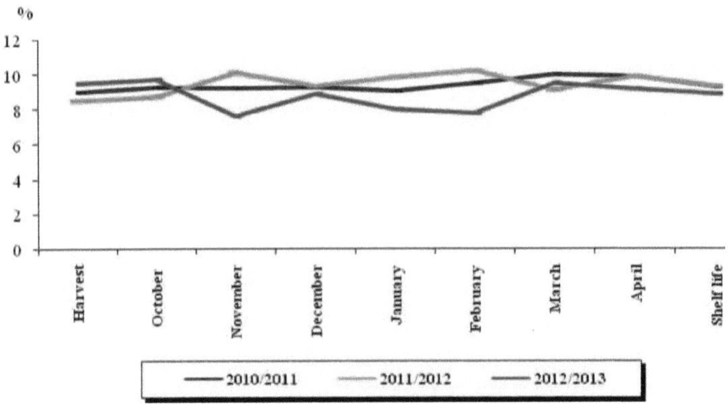

Figura 20. Teor de matéria seca total dos bolbos armazenados em câmara frigorífica, em %

O teor de matéria seca total nos três anos de pesquisa, desde a colheita até abril, ou seja, após o procedimento de validade, em 2010/2011, foi de 9,63% para os bulbos armazenados de forma tradicional, enquanto que em condições de câmara fria o teor foi insignificantemente menor e atingiu 9,39%. Em 2011/2012, o teor de matéria seca total foi de 9,50% para os bolbos que foram armazenados tradicionalmente e menos, mas não significativo, de 9,43% para os bolbos armazenados em câmara frigorífica. Em 2012/2013, o valor médio de matéria seca total varia significativamente em função do modo de armazenamento (p = 0,018), em resultado do valor significativamente mais elevado do teor de matéria seca total nos bolbos que foram armazenados tradicionalmente (9,55 ± 0,2% e 8,78 ± 0,79%, respetivamente) (Tabela 35, Figura 21).

Tabela 35. Valores médios do teor de matéria seca total dos bolbos armazenados de forma tradicional e em câmara frigorífica

Período de armazenagem	Armazenagem tradicional média±SD	Armazenagem em câmara frigorífica média±SD	teste t	valor de p
2010/2011	9,63±0,46	9,39±0,35	1,18	0,26
2011/2012	9,50±0,68	9,43±0,6	0,32	0,60
2012/2013	9,55±0,2	8,78±0,79	2,66	0,018*

*p<0,05

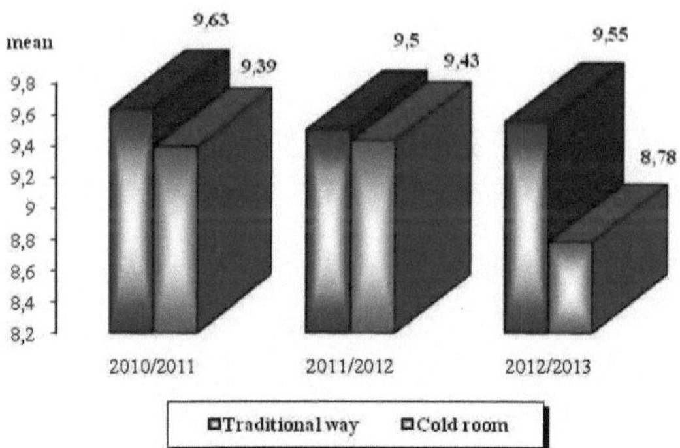

Figura 21. Valores médios do teor de matéria seca total dos bolbos armazenados tradicionalmente e em câmara frigorífica

Segundo Kukanoor L. (2005), o aumento do teor de matéria seca total durante o armazenamento pode ser atribuído ao aumento dos compostos químicos e também à redução do teor de humidade dos bolbos. Nesta investigação, excluindo o ano de 2012/2013, o teor de matéria seca total no armazenamento tradicional e em câmara frigorífica aumentou ligeiramente em comparação com o teor no início do armazenamento, como resultado da perda de água dos bolbos durante o armazenamento. Estes resultados estão de acordo com o autor citado anteriormente.

3.7. TEOR DE SÓLIDOS SOLÚVEIS (%)

Os valores médios do teor de sólidos solúveis nos bolbos de cebola armazenados de forma tradicional foram de 8,89% em 2010/2011, 8,94% em 2011/2012 e 8,72% em 2012/2013. Não se verificaram diferenças significativas em relação aos valores médios do teor de sólidos solúveis nos bolbos armazenados de forma tradicional em função do ano (Tabela 36, Figura 22).

Tabela 36. Teor de sólidos solúveis em bolbos que foram armazenados de forma tradicional, em %

Período de medição	20010/2011	2011/2012	2012/2013
Colheita	8,50	7,50	9,20
outubro	8,70	8,25	9,35
novembro	9,10	9,90	9,20
dezembro	8,90	9,10	8,18
janeiro	9,00	9,60	8,20
fevereiro	9,60	8,90	8,38
março	8,50	9,00	9,00
abril	8,80	9,30	8,28
média±SD	8,89±0,36	8,94±0,76	8,72±0,51
2010/2011　-　2011/2012　-　2012/2013	Análise de Variância F=0,32 p=0,73		

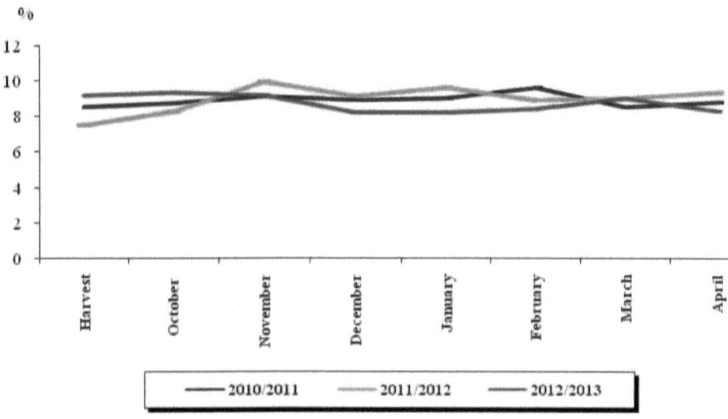

Figura 22. Teor de sólidos solúveis em bolbos que foram armazenados de forma tradicional, em %

O ano de pesquisa também não teve impacto significativo nos valores médios do teor de sólidos solúveis em bulbos que foram armazenados em câmara fria (p = 0,25). Os valores médios do teor de sólidos solúveis em bulbos armazenados em câmara fria foram de 8,79 ± 0,3% em 2010/2011, 8,68 ± 0,64% em 2011/2012 e 8,2 ± 1,1% em 2012/2013 (Tabela 37, Figura 23).

Tabela 37. Teor de sólidos solúveis em bolbos que foram armazenados em câmaras frigoríficas, em %

Período de medição	2010/2011	2011/2012	2012/2013
Colheita	8,50	7,50	9,20
outubro	8,70	8,20	9,30
novembro	8,60	9,70	6,60
dezembro	8,80	8,90	7,20
janeiro	8,40	9,30	7,30
fevereiro	8,80	8,60	7,20
março	9,40	8,70	9,10
abril	8,90	8,30	8,90
Prazo de validade 2 semanas em 14°C-16°C	9,00	8,90	9,10
média±SD	8,79±0,3	8,68±0,64	8,2±1,1

2010/2011	-	Análise de Variância F=1,48 p=0,25
2011/2012	-	
2012/2013		

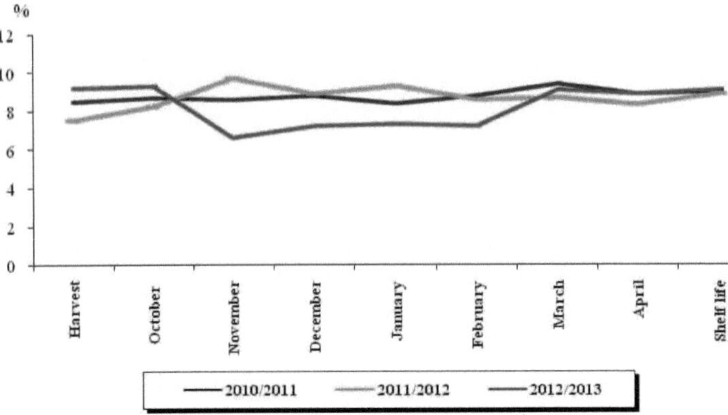

Figura 23. Teor de sólidos solúveis em bolbos que foram armazenados em câmaras frigoríficas em %

Não se verificaram diferenças significativas entre os valores médios do teor de sólidos solúveis nos bolbos armazenados de forma tradicional e em câmara frigorífica, exceto em 2012/2013, em que o valor médio do teor de sólidos solúveis nos bolbos armazenados de forma tradicional foi significativamente superior (p = 0,025) ao dos bolbos armazenados em câmara frigorífica (Quadro 38, Figura 24).

Tabela 38. Diferenças testadas nos valores médios do teor de sólidos solúveis em bolbos armazenados tradicionalmente e em câmaras frigoríficas

Período de armazenagem	Armazenagem tradicional média±SD	Armazenagem em câmara frigorífica média±SD	teste t	valor de p
2010/2011	8,89±0,36	8,79±0,30	0,62	0,55
2011/2012	8,94±0,76	8,68±0,64	0,78	0,45
2012/2013	8,72±0,51	8,20±1,1	1,2	0,025*

*p<0,05

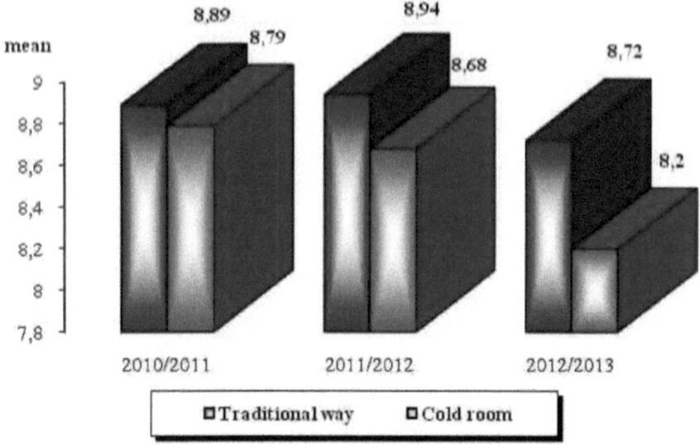

Figura 24. Valores médios do teor de sólidos solúveis nos bolbos armazenados tradicionalmente e em câmara frigorífica

Valores semelhantes (de 7,50% a 9,00%) relativos ao teor de sólidos solúveis nos bolbos de 'buchinska arshlama' foram encontrados por Simon D. (1980).

3.8. TEOR DE CINZAS (%)

O teor de cinzas nos bolbos de cebola varia entre 0,3% e 0,7% (Lazic B. *et al.*, 1998; Lawande K.E., 2001). No presente estudo, o teor mínimo e máximo de cinzas variou entre 0,30% e 0,45% em todos os anos examinados e nos dois tipos de instalações de armazenagem, pelo que se pode concluir que os valores correspondem aos dados de referência. O maior valor médio em relação ao teor de cinzas no modo tradicional de armazenamento (0,372%) foi encontrado em 2011/2012, enquanto o menor (0,343%) foi em 2010/2011. As diferenças nos valores médios do teor de cinzas no período analisado foram estatisticamente insignificantes (p = 0,37) (Tabela 39, Figura 25).

Tabela 39. Teor de cinzas dos bolbos armazenados de forma tradicional, em %

Período de medição	2010/2011	2011/2012	2012/2013
Colheita	0,35	0,30	0,40
outubro	0,32	0,35	0,39
novembro	0,34	0,39	0,34
dezembro	0,36	0,39	0,33
janeiro	0,30	0,33	0,31
fevereiro	0,43	0,44	0,34
março	0,30	0,38	0,40

abril	0,35	0,40	0,44
média±SD	0,343±0,042	0,372±0,044	0,369±0,045
2010/2011 - 2011/2012 - 2012/2013	Análise de Variância F=1,03 p=0,37		

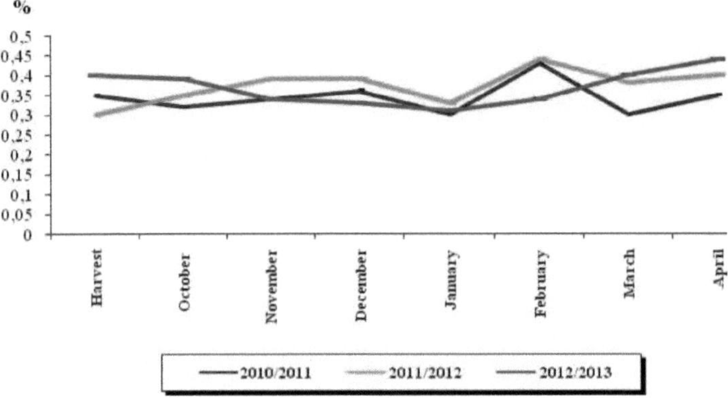

Figura 25. Teor de cinzas nos bolbos armazenados de forma tradicional, em %

Os valores médios para o teor de cinzas não diferiram significativamente nos três anos de pesquisa nos bulbos que foram armazenados em câmara fria (p = 0,44). Os valores médios para o teor de cinzas foram de 0,358 ± 0,022% em 2010/2011, 0,384 ± 0,06% em 2011/2012 e 0,367 ± 0,041% em 2012/2013 (Tabela 40, Figura 26).

Quadro 40. Teor de cinzas dos bolbos armazenados em câmara frigorífica, em %

Período de medição	2010/2011	2011/2012	2012/2013
Colheita	0,35	0,30	0,40
outubro	0,32	0,35	0,39
novembro	0,34	0,33	0,31
dezembro	0,35	0,45	0,33
janeiro	0,37	0,32	0,33
fevereiro	0,36	0,41	0,38
março	0,38	0,46	0,33
abril	0,37	0,44	0,41
Prazo de validade 2 semanas em 14°C-	0,39	0,40	0,42

16°C			
média±SD	0,358±0,022	0,384±0,06	0,367±0,041
2010/2011 -	Análise de Variância F=0,84 p=0,44		
2011/2012 -			
2012/2013			

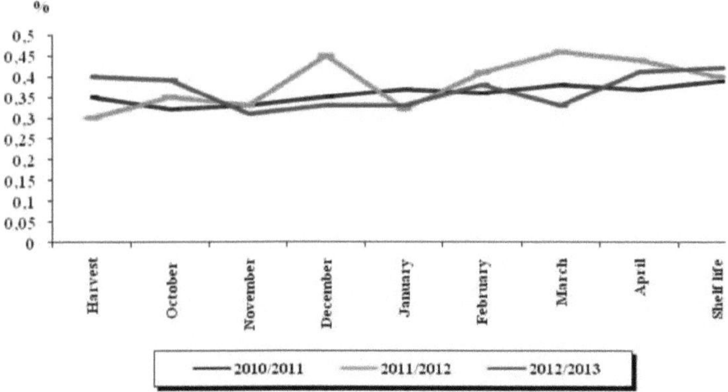

Figura 26. Teor de cinzas em bolbos armazenados em câmaras frigoríficas, em %

Os valores médios para o teor de cinzas nos bolbos de cebola em ambos os modos de armazenamento não diferiram significativamente durante o período examinado. A maior diferença no teor médio de cinzas foi registada em 2010/2011 (0,343 ± 0,042 e 0,358 ± 0,02, respetivamente), mas não foi suficiente para a significância estatística (Quadro 41, Figura 27).

Tabela 41. Diferenças testadas nos valores médios do teor de cinzas em bolbos armazenados tradicionalmente e numa câmara frigorífica

Período de armazenagem	Armazenagem tradicional média±SD	Armazenagem em câmara frigorífica média±SD	teste t	valor de p
2010/2011	0,343±0,042	0,358±0,022	1,47	0,15
2011/2012	0,372±0,044	0,384±0,06	0,46	0,65
2012/2013	0,369±0,045	0,367±0,041	0,01	0,92

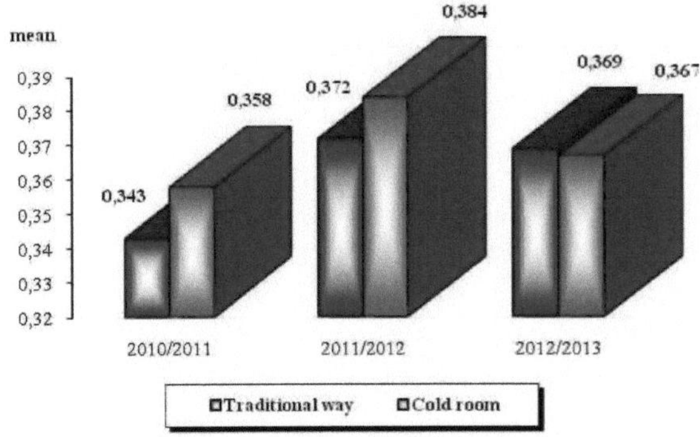

Figura 27. Valores médios do teor de cinzas em bolbos armazenados tradicionalmente e numa câmara frigorífica

3.9. TEOR DE AÇÚCAR REDUTOR (%)

As percentagens de açúcares redutores dos bolbos de cebola armazenados de forma tradicional nos três anos analisados são apresentadas no quadro 42 e na figura 28. Em 2010/2011 o teor médio de açúcar redutor foi de 4,692 ± 0,49%, em 2011/2012 foi de 4,82 ± 0,49% e em 2012/2013 o teor médio de açúcar redutor direto foi de 5,02 ± 0,49%. As diferenças relativas aos valores médios de açúcar redutor em 2010/2011, 2011/2012 e 2012/2013 foram estatisticamente insignificantes (p = 0,42). O ano de armazenamento não teve influência significativa no teor de açúcares redutores dos bolbos de cebola.

Quadro 42. Teor de açúcares redutores em bolbos de cebola armazenados segundo o método tradicional de armazenagem, em %

Período de medição	2010/2011	2011/2012	2012/2013
Colheita	4,65	5,05	4,75
outubro	4,40	4,30	4,43
novembro	4,95	5,00	5,67
dezembro	4,31	5,10	5,78
janeiro	3,86	5,30	5,15
fevereiro	5,42	3,86	5,05
março	5,10	5,10	4,65
abril	4,85	4,85	4,68
média±SD	4,692±0,49	4,82±0,49	5,02±0,49

2010/2011	-	Análise de Variância F=0,9 p=0,42
2011/2012	-	
2012/2013		

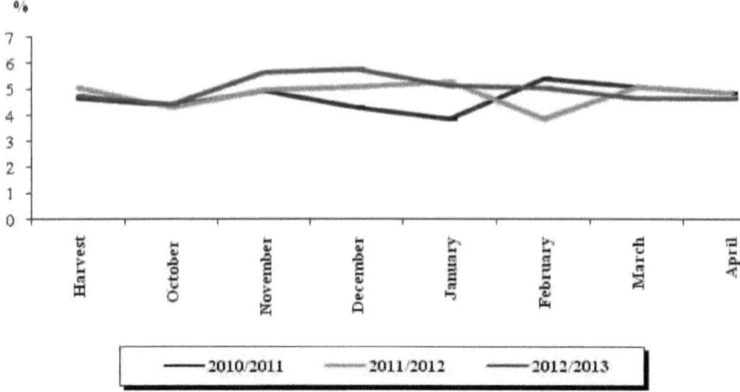

Figura 28. Teor de açúcares redutores em bolbos de cebola armazenados segundo o método tradicional de armazenagem, em %

O teor médio de açúcares redutores nos bolbos de cebola que foram armazenados na câmara frigorífica, em 2010/2011, 2011/2012 e 2012/2013, foi estatisticamente diferente ao nível de p = 0,017. Em 2010/2011, o teor médio de açúcares redutores foi de 4,31 ± 0,43%, sendo ligeiramente inferior ao teor médio de açúcares redutores em 2011/2012, de 4,61 ± 0,36% (p = 0,25), e significativamente inferior ao teor médio de açúcares redutores em 2012/2013, de 4,88 ± 0,37% (p = 0,013). Diferença estatisticamente não significativa no teor médio de açúcares redutores foi encontrada nos bulbos de cebola que foram armazenados em câmara fria em 2011/2012 e 2012/2013 (p = 0,32) (Tabela 43, Figura 29).

Tabela 43. Teor de açúcares redutores em bolbos de cebola armazenados numa câmara frigorífica, em %

Período de medição	2010/2011	2011/2012	2012/2013
Colheita	4,65	5,05	4,68
outubro	4,40	4,30	4,43
novembro	4,60	4,70	4,85
dezembro	4,00	4,85	4,78
janeiro	3,80	5,00	4,85
fevereiro	4,48	4,06	4,80

março	5,05	4,85	4,65
abril	4,01	4,48	5,72
Prazo de validade 2 semanas a 14°C-16°C	3,80	4,20	5,15
média±SD	4,31±0,43	4,61±0,36	4,88±0,37
2010/2011 - 2011/2012 - 2012/2013	Análise de Variância F=4,81 p=0,017* 2010/2011 - 2011/2012 p=0,25 2010/2011 - 2012/2013 p=0,013* 2011/2012 - 2012/2013 p=0,32		

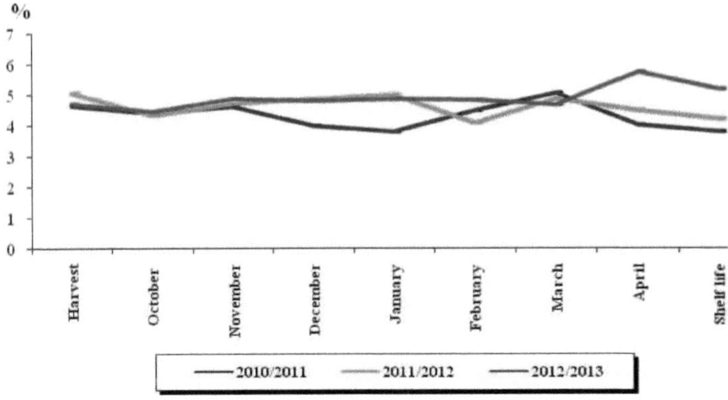

Figura 29. Teor de açúcares redutores em bolbos de cebola armazenados numa câmara frigorífica em %

Os valores médios do teor de açúcares redutores não diferiram significativamente entre o modo de armazenamento tradicional e o armazenamento em câmara frigorífica nos três anos analisados (p = 0,23, p = 0,33 e p = 0,51) (Quadro 44, Figura 30).

Tabela 44. Diferenças testadas nos valores médios do teor de açúcares redutores em bolbos de cebola armazenados de forma tradicional e em câmaras frigoríficas

Período de armazenagem	Armazenagem tradicional média±SD	Armazenagem em câmara frigorífica média±SD	teste t	valor de p
2010/2011	4,692±0,49	4,31±0,43	1,21	0,23

| 2011/2012 | 4,82±0,49 | 4,61±0,36 | 1,015 | 0,33 |
| 2012/2013 | 5,02±0,49 | 4,88±0,37 | 0,67 | 0,51 |

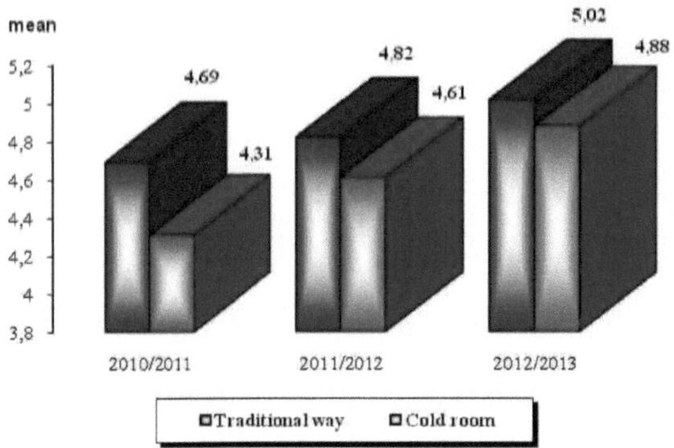

Figura 30. Valores médios do teor de açúcares redutores em bolbos de cebola armazenados de forma tradicional e em câmara frigorífica

Karmarkar e Joshi (1941), citados por Kukanoor L. (2005) e Ilic Z. *et al.* (2009), verificaram que o teor de açúcares redutores aumentou durante o armazenamento a baixas temperaturas, enquanto Kukanoor L. (2005) verificou o contrário. Nos nossos estudos, o teor de açúcares redutores durante o armazenamento de forma tradicional e numa câmara frigorífica não mostrou uma tendência normal, nem de aumento nem de diminuição. O valor inicial e final do teor de açúcares redutores no modo de armazenamento tradicional aumentou ligeiramente em 2010/2011 e diminuiu ligeiramente em 2011/2012 e 2012/2013, enquanto que nas condições da câmara fria o teor de açúcares redutores diminuiu ligeiramente em 2010/2011 e 2011/2012, enquanto que aumentou em 2012/2013.

3.10. TEOR DE AÇÚCAR TOTAL (%)

Em geral, o teor de açúcar total nos bolbos de cebola varia entre 5,2 e 9,0% (Lawande K.E., 2001). De acordo com Simon D. (1980), o teor de açúcar total era de 5,1% na "buchinska arshlama". Nos nossos estudos, o teor médio de açúcar total nos bolbos de cebola "buchinska arshlama" armazenados tradicionalmente em 2010/2011 foi de 6,015 ± 1,07%, em 2011/2012 foi de 5,89 ± 0,67% e em 2012/2013 o teor médio de açúcar total foi de 6,05 ± 0,74%. As diferenças nos valores médios do teor de açúcar total foram insignificantes nos três anos de pesquisa (Tabela 45, Figura 31).

Quadro 45. Teor de açúcar total nos bolbos de cebola armazenados de forma tradicional, em %

Período de medição	2010/2011	2011/2012	2012/2013
Colheita	6,59	6,78	6,68
outubro	6,50	6,20	6,17
novembro	6,00	6,08	6,78
dezembro	5,17	5,60	6,27
janeiro	4,40	6,00	6,46
fevereiro	7,68	4,59	6,27
março	6,70	5,49	4,90
abril	5,08	6,38	4,90
média±SD	6,015±1,07	5,89±0,67	6,05±0,74
2010/2011 - 2011/2012 - 2012/2013	Análise de Variância F=0,08 p=0,92		

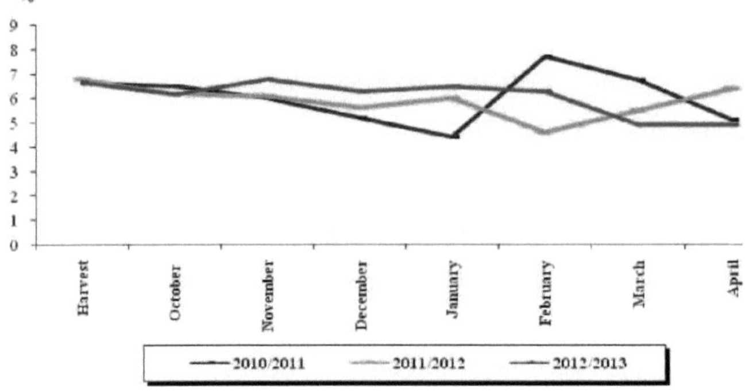

Figura 31. Teor de açúcar total nos bolbos de cebola armazenados de forma tradicional, em %

O valor médio do teor de açúcar total nos bolbos de cebola que foram armazenados em câmara frigorífica em 2010/2011 foi de 5,86 ± 0,99%, em 2011/2012 foi de 5,53 ± 0,7% e em 2012/2013 foi de 5,52 ± 0,6%. As diferenças nos valores médios do teor de açúcar total em bulbos de cebola que foram armazenados em câmara fria foram estatisticamente insignificantes para três anos de pesquisa (p = 0 6) (Tabela 46, Figura 32).

Quadro 46. Teor de açúcar total nos bolbos de cebola armazenados em câmara frigorífica, em %

Período de medição	2010/2011	2011/2012	2012/2013
Colheita	6,59	6,78	6,68
outubro	6,50	6,20	6,17
novembro	5,10	5,59	5,17
dezembro	4,37	5,30	5,07
janeiro	4,88	5,60	5,17
fevereiro	6,47	4,78	5,07
março	7,47	5,17	4,90
abril	5,98	5,88	5,88
Prazo de validade 2 semanas em 14°C-16°C	5,35	4,50	5,58
média±SD	5,86±0,99	5,53±0,7	5,52±0,6
2010/2011 - 2011/2012 - 2012/2013	Análise de Variância F=0,53 p=0,6		

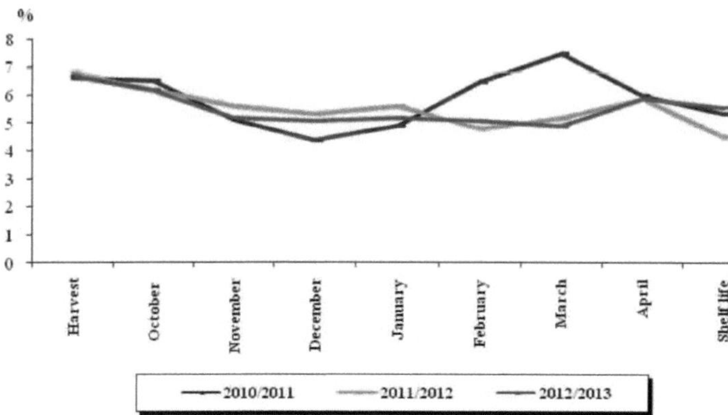

Figura 32. Teor de açúcares totais em bolbos de cebola armazenados numa câmara frigorífica, em %

Nos três anos analisados, foram registadas diferenças insignificantes no teor médio de açúcares totais, dependendo do método de armazenamento dos bolbos de cebola, quer da forma tradicional quer numa câmara frigorífica (Quadro 47, Figura 33).

Tabela 47. Diferenças testadas nos valores médios do teor de açúcar total em bolbos de cebola armazenados de forma tradicional e em câmara frigorífica

Período de armazenagem	Armazenagem tradicional média±SD	Armazenagem em câmara frigorífica média±SD	teste t	valor de p
2010/2011	6,015±1,07	5,86±0,99	1,11	0,27
2011/2012	5,89±0,67	5,53±0,7	1,07	0,30
2012/2013	6,05±0,74	5,52±0,6	1,63	0,12

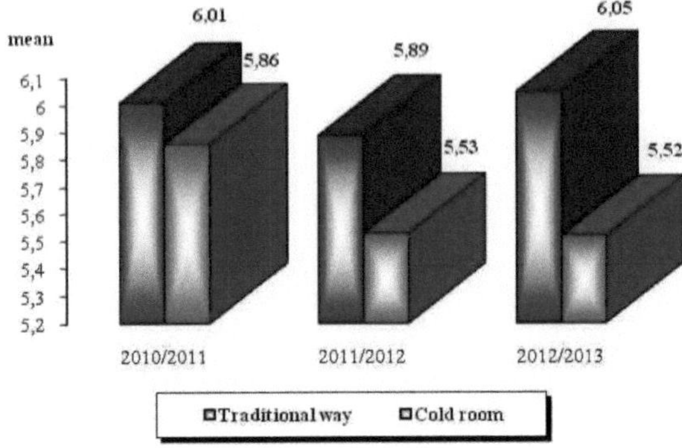

Figura 33. Diferenças testadas nos valores médios do teor de açúcares totais em bolbos de cebola armazenados de forma tradicional e em câmara frigorífica

De acordo com Kukanoor L. (2005), a percentagem do teor de açúcar total aumentou com o tempo de armazenamento, o que não aconteceu no nosso estudo. Em contrapartida, Ilic Z. *et al.* (2009) verificaram que, dependendo da variedade, o teor de açúcar total diminuía ligeiramente durante o armazenamento a longo prazo (dependendo da temperatura de armazenamento). Este facto foi confirmado na nossa investigação se tivermos em conta o valor do teor de açúcar total no início e no fim do armazenamento. Os teores de açúcares redutores e totais na nossa investigação mostraram amplitude e períodos de flutuação sem um padrão regular, o mesmo que os resultados indicados por Sharma *et al.* (2015).

7. CONCLUSÕES

Com base numa investigação de três anos sobre o armazenamento da cebola "buchinska arshlama" da forma tradicional e numa câmara frigorífica, podem ser especificadas as seguintes conclusões

- Os valores médios de perda de peso em 2010/2011 no modo de armazenamento tradicional ascenderam a 18,24%, enquanto em câmara frigorífica a 13,44%. Em 2011/2012, os valores médios de perda de peso no modo de armazenamento tradicional e em câmara frigorífica foram de 8,99% e 11,19%, respetivamente, enquanto em 2012/2013 no modo de armazenamento tradicional foi de 21,23% e em câmara frigorífica de 14,79%. Os bolbos armazenados de forma tradicional e em câmara frigorífica não diferiram significativamente em termos de perda de peso média.

- A percentagem de bolbos comercializáveis diminuiu em ambos os modos de armazenamento de outubro a abril, mas com maior declínio no armazenamento tradicional. A percentagem de bolbos comercializáveis foi de 72,69% no modo de armazenamento tradicional e de 84,70% em câmara frigorífica em 2010/2011. Em 2011/2012, foi de 85,95% para o modo de armazenamento tradicional e 87,34% em câmara fria, enquanto que em 2012/2013 a percentagem de bolbos comercializáveis foi de 69,9% no modo de armazenamento tradicional e 84,59% em câmara fria, confirmando que o modo de armazenamento dos bolbos quer no tradicional quer em câmara fria, no nosso caso, não teve impacto significativo nos valores médios da percentagem de bolbos comercializáveis.

- A percentagem de bolbos germinados, armazenados tradicionalmente em todos os anos (2010/2011, 2011/2012 e 2012/2013) foi mais elevada em abril e atingiu 32,06%, 10,85% e 40,22%, respetivamente, devido às temperaturas mais elevadas nesse período. Em câmara fria a percentagem de bolbos germinados foi baixa e atingiu 3,07% em abril em 2010/2011 e 1,39% após procedimento de conservação em 2011/2012 e 2012/2013.

- A percentagem mais elevada de bolbos doentes no modo de armazenamento tradicional, bem como numa câmara frigorífica, foi observada em 2011/2012 (27,93% e 10,24%, respetivamente), enquanto a percentagem mais baixa de 12,6% no armazenamento tradicional foi registada em 2010/2011 e de 7,07% numa câmara frigorífica em 2012/2013.

- Durante os três anos de investigação, as perdas totais médias (perda de peso, bolbos germinados e doentes) foram de 72,82% na forma tradicional de armazenamento, enquanto numa câmara frigorífica as perdas totais foram muito inferiores e ascenderam a 27,30%.

- Os teores totais de matéria seca e de sólidos solúveis foram insignificantemente inferiores nos bolbos armazenados em câmara frigorífica, exceto em 2012/2013, em que os teores médios de matéria seca e de sólidos solúveis foram significativamente superiores, nomeadamente ao nível de 0,05, nos bolbos armazenados tradicionalmente.

- Entre os bolbos que foram armazenados tradicionalmente e numa câmara frigorífica, não se registaram diferenças significativas nos valores médios do teor de cinzas durante o período examinado.

- Os valores médios dos teores de açúcares redutores e totais não diferiram significativamente entre o modo tradicional de armazenamento e o armazenamento em câmara frigorífica nos três anos analisados.

- Tendo em conta as perdas de peso, a germinação e o apodrecimento, bem como as alterações da composição química dos bolbos de cebola "buchinska arshlama", pode concluir-se que esta variedade autóctone de cebola pode ser armazenada com êxito, de forma tradicional, de outubro a princípios de fevereiro, e depois em condições controladas (câmara frigorífica) até abril ou mais.

8. REFERÊNCIAS

1.   Abhayawick L., Laguerre J. C., Tauzin V., Duquenoy A., 2002. Physical propertiesofthreeonionvarietiesasaffectedbythemoisturecontent.Journal   of FoodEngineering55(3),p.253-262.

2.   AbbottJ.A.,1999.Qualitymeasurementoffruitsandvegetables.Postharvest BiologyandTechnology15.p.207-225.

3.   AbrametoM.A.,PozzoArdizziC.M.,GilM.I.,MolinaL.M.,2010.Análise de metodologias para o estudo da composição e alterações bioquímicas de carboidratos em bulbos de cebola na colheita e pós-colheita.FYTON,79,p.123-132.

4.   Adamicki F., 2005. Onion production, marketing and research in Poland. Proceedingsofthes   secondinternationalonionnetworkmeeting.2005Vegetable cropsresearchbulletin62.ResearchInstituteofVegetableCrops.Skierniewice. Polónia.p.21-28.

5.   AdamickiF.,2005.Effectsofpre-harvesttreatmentsandstorageconditionson qualityandshelf-lifeofonions.IVth ISonEdibleAlliaceae.ActaHortculture 688,p.229-238.

6.   Agblor S., Waterer D., 2001. Onions, Post-harvest handling and storage (Cebolas, manuseamento e armazenamento pós-colheita). Departamento de Ciências Vegetais, Universidade de Saskatchewan, Canadá.

7.   AgicR.,GjorgijevskaCirkovaM.,MartinovskiGj.,1997.Dynamicsoflosses duringbulbstoragefromsemi-acridonioncultivars.ActaHorticulturae.462. p.565-570.

8.   Agic R., 2005. Zavisnost na rastot i razvitokot na zimskite kromidi (*Allium cepa L.*)odagroklimatskotopodracjeirokotnaseidbata.Doktorskadisertacija.   Univerzitet "Sv.KiriliMetodij".Fakultetzazemjodelskinaukiihrana-Skopje.

9.   Agic R., Martinovski Gj., Bogevska Z., Bozinovska R., Davitkovska M., AbusoskaA.,IljovskiI.,2011.Preventionofsproutingofonionduringstorage byapplicationofgrowthretardantinGostivarregion(RepublicofMacedonia).   Actas   e apresentações   da   segunda   conferência   e   workshop "Storageoffreshvegetables,fruitsandgrapesanimportantcomponentofthe exportpotential",Skopje,p.55-58.

10. Aguirre D. B., Cânovas G. V. B., 2013. Desinfeção de vegetais selecionados sob

tratamentos não térmicos: Cloro, ácido cítrico, luz ultravioleta e ozono. Food Control 29, p. 82-90.

11. Bahnasawy A. H., El-Haddad Z. A., El-Ansary M. Y., Sorour H. M., 2004. Propriedades físicas e mecânicas de algumas cultivares de cebola egípcia. Journal of Food Engineering 62. p. 255-261.

12. Bajaj K. L. , Kaur G., Singh J., Gill S. P. S., 1980. Avaliação química de algumas variedades importantes de cebola (*Allium cepa* L.). Plant Foods for Human Nutrition. 30 (2). p. 117-122.

13. Baninasab B., Rahemi M., 2006. O efeito da temperatura elevada no brotamento e na perda de peso de duas cultivares de cebola. Revista Americana de Fisiologia Vegetal. Academic Journals Inc., EUA. 1(2) p. 199-204.

14. Benkeblia N. e Selselet-Attou G., 1999. Papel do etileno na germinação de bolbos de cebola (*Allium cepa* L.). Ata Agriculturae Scandinavica Secção B, Ciência do Solo e das Plantas: 49, p. 122-124.

15. Benkeblia N., Varoquaux P., Shiomi N., Sakai H., 2002. Tecnologia de armazenamento de bolbos de cebola c.v. Rouge Amposta: efeitos da irradiação, hidrazida maleica e carbamato isopropil, N-fenil (CIP) na taxa de respiração e hidratos de carbono. International Journal of Food Science and Technology 37, p. 169-175.

16. Benkeblia N., 2003. Low temperature and breaking of dormancy effects on respiration rate, sugars, phenolics and peroxidase activity changes in inner buds of onion Allium cepa L. Ata Agriculturae Scandinavica Section B-soil and Plant Science 53, p. 16-20.

17. Benkeblia N., Varoquaux P., 2003. Efeito do óxido nitroso (N2O) na taxa de respiração, açúcares solúveis e atributos de qualidade de bolbos de cebola Allium cepa cv. Rouge Amposta durante o armazenamento. Postharvest Biology and Technology 30 (2), p. 161168.

18. Benkeblia N., Onodera S., Shiomi N., 2003. Efeito da temperatura e do tempo de armazenamento nas actividades da fructosiltransferase (1-FFT e 6G-FFT) nos tecidos dos bolbos de cebola. Ata Agriculturae Scandinavica Section B-Soil And Plant Science 53 (4), p. 211-214.

19. Benkeblia N., 2004. Efeito da hidrazida maleica nos parâmetros respiratórios de bulbos de cebola (Allium cepa L.) armazenados. Revista Brasileira de Fisiologia Vegetal 16 (1), p.

47-52.

20. Benkeblia N, Shiomi N., 2004. Efeito do arrefecimento sobre os açúcares solúveis, a taxa de respiração, os fenólicos totais, a atividade da peroxidase e a dormência dos bolbos de cebola. Scientia Agricola 61 (3), p. 281-285.

21. Benkeblia N., 2004. Efeito da hidrazida maleica nos parâmetros respiratórios de bulbos de cebola (*Allium cepa* L.) armazenados. Revista Brasileira de Fisiologia Vegetal, 16(1), p. 47-52.

22. Biswas S. K., Khair A., Sarker P. K., Alom M. S., 2010. Rendimento e capacidade de armazenamento da cebola (*Allium cepa* l.) afectados por diferentes níveis de irrigação. ISSN 02587122 Bangladesh Journal of Agricultural Research. 35(2), p. 247-255.

23. Borisov V., Djatlikovich A., Polyakov A., 2005. A produção e o trabalho de investigação sobre a cebola na Federação Russa em 2004. Actas da segunda reunião da rede internacional da cebola. 2005 V C R Boletim 62. Instituto de investigação de culturas hortícolas. Skierniewice. Polónia. p. 13-20.

24. Boyhan G. E., Purvis A. C., Randle W. M., Torrance R. L., Cook M. J., Hardison G., Blackley R. H., Paradice H., Hill C. R., Paulk J. T., 2005. Qualidade de colheita e pós-colheita de cebolas de dia curto em ensaios de variedades na Geórgia 2000-03. Horttechnology 15 (3), p. 694-706.

25. Brewster J. L., 2008. Onions and Other Vegetable Alliums. 2nd edition. Ciência da produção vegetal em horticultura 15. CABI. ISBN 978-1-84593-399-9.

26. Brice J. R., Bisbrown A. J. K., Curd L., 1995. Ensaios de armazenamento de cebolas a temperaturas ambiente elevadas na República do Iémen. Journal of Agricultural Engineering Research 62 (3). 185-192.

27. Camelo A. F. L., Horvitz S., Gómezv P. A., 2003. Uma abordagem para a avaliação da eficiência das operações de packinghouse de cebola. *Horticultura Brasileira* ,Brasília, v. 21, n. 1, p. 51-54.

28. Chandler F., 1994. Cultivo e manuseamento de bolbos secos de cebola nas Caraíbas. Instituto de Investigação e Desenvolvimento Agrícola das Caraíbas. Boletim técnico número 25, p. 34-55.

29. Chope G. A., 2006. Compreender os mecanismos subjacentes à dormência dos bolbos

de cebola em relação ao potencial para melhorar o armazenamento da cebola. Saúde em Cranfield. Laboratório de ciências vegetais. Universidade de Cranfield. Tese de doutoramento, p. 6-32.

30. Chope G. A., Terry L. A., White P. J., 2006. Effect of controlled atmosphere storage on abscisic acid concentration and other biochemical attributes of onion bulbs (Efeito do armazenamento em atmosfera controlada na concentração de ácido abscísico e noutros atributos bioquímicos dos bolbos de cebola). Postharvest Biology and Technology 39 (3), p. 233-242.

31. Croci C. A., Banek S. A., Curzio O. A., 1995. Efeito da irradiação gama e do armazenamento prolongado na qualidade química da cebola *(Allium cepa* L.). Food Chemistry 54, p. 151-154.

32. Dhumal K., Datir S., Pandey R., 2007. Assessment of bulb pungency level in different Indian cultivars of onion (Allium cepa L.). Food Chemistry 100 (4), p. 1328-1330.

33. Downes K., Chope G. A., Terry L. A., 2010. A aplicação pós-colheita de etileno e 1-metilciclopropeno, antes ou depois da cura, afecta a qualidade dos bolbos de cebola (Allium cepa L.) durante o armazenamento a frio a longo prazo. Postharvest Biology and Technology 55, p. 36-44.

34. Ernst M.K., Praeger U., Weichmann J., 2003. Effect of low oxygen storage on carbohydrate changes in onion (Allium cepa var. cepa) bulbs. European Journal of Horticultural Science 68 (2), p. 59-62.

35. FAOSTAT, Organização das Nações Unidas para a Alimentação e a Agricultura.

36. Faruq M. O., Alam M. S., Rahman M., Alam M. S., Aharfudddin A. F. M., 2003. Growth, yield and storage performance of onion as influenced by planting time and storage condition. Jornal de Ciências Biológicas do Paquistão 6 (13), p. 1179-1182.

37. Filipovski Gj., Rizovski R., Ristevski P., 1996. Karakteristiki na klimatsko- vegetacisko-pochvenitezoni(regioni)voRepublikaMakedonija.Makedonskata akademijananaukiteiumetnostite.

38. FilipovskiGj.,1999.PochvitenaRepublikaMakedonija.MANU.Skopje.Tom   IV.str.179-265.

39. FujishimaM.,FuruyamaK.,IshihiroY.,OnoderaS.,FukushiE.,BenkebliaN.,ShiomiN.,200

9.Isolamentoeanáliseestruturalinvivo de fruto-oligossacáridos recentemente sintetizados em tecidos de bolbos de cebola (Allium cepa l.) durante o armazenamento. Hindawi Publishing Corporation International Journal of Carbohydrate ChemistryVolume2009,p.1-9.

40. GrevsenK.,SorensenJ.N.2004.Sproutingandyieldinbulbonions(Allium cepa L.) as influenced by cultivar, plant establishment methods, maturity at harvest and storage conditions. Journal of Horticultural Science & Biotechnology 79 (6), p. 877-884.

41. GriffithsG.,TruemanL.,CrowtherT.,ThomasB.,SmithB.,2002.Onions-A globalbenefittohealth.PhytotherapyResearch 16,p.603-615.

42. GrupcheR.,1994.Botanika(IIizdanie).NIO "Studentskizbor".Skopje.

43. GjurovkaM.,MartinovskiGj.,BogevskaZ.,2007.Agro-biologicalfactorsinthe function of storage of fresh produce. Actas e apresentações "Armazenamento de legumes frescos, frutas e flores".Skopje.45-52.

44. Dinivic I., 1998. Svet povrca. IV izdanje. Superior. p. 24.

45. Durovka M., 2002. Zasto se Iukovice prevremeno kvare. Savremeni povrtar. GodinaI.br.1.UDK:634(05).38-40.NoviSad.

46. HoftunH.,1993.Escalas internas da atmosfera e da água em bulbos de cebola (*Allium cepaL.*).Bases fisiológicas das tecnologias de pós-colheita.

47. Iliu Z., 2011. Vadenje luka. Savremeni povrtar. Godina X. Broj 38. p. 18-21.

48. Ilic Z., Fallik E., 2002. Cuvanje povrca. Univerzitet u Pristini. Kosovska Mitrovica.

49. Ilic Z., 2002. Priprema povrca za Cuvanje. Savremeni povrtar. Godina I. br. 2. 32-34.NoviSad.

50. Ilic Z., Fallik E., 2002. Cuvanje povrca. Univerzitet u Pristini. Kosovska Mitrovica.str.217-219.

51. IlicZ., Zuk-GolaszewskaK., JamesM., KossonR., LepseL., PatraS.K., 2002. Gestão das perdas pós-colheita em cebolas. Actas do Simpósio. First SymposiumonHorticultureinOhrid.p.657-661.

52. Ilic Z., Fallik E., Durovka M., Martinovski D., Trajkovic Radmila, 2007. Fiziologijaitehnologijacuvanjapovrcaivoca.Tampograf.NoviSad.

53. Ilic Z., Fallik E., Dardic M., 2009. Berba, sortiranje, pakovanje i cuvanje povrca.

Poljoprivredni fakultet Zubin Potok i autori. Tampograf. Novi Sad. str.121-144.

54. Ilic, Z., Milenkovic, L., Durovka, M., Trajkovic, R. 2009. The effect of longterm storage on quality attributes and storage potential of different onion cultivars.ActaHorticulturae830,p.635-642.

55. Ilic Z., Filipovic-Trajkovic R., Lazic S., Bursic V., Sunjka D., 2011. Os resíduos de hidrazida maleica nos bolbos de cebola induzem a dormência e dificultam a germinação durante longos períodos. Journal of Food, Agriculture & Environment Vol. 9 (1), p. 113 - 118.

56. Ilic Z., Durovka M., Lazic S., Sudimac M., Milenkovic L., Matkovic H., 2011. Potencial de armazenamento de diferentes cultivares de cebola. A hidrazida maleica afecta o brotamento em cebolas bulbosas armazenadas durante o inverno. Segunda conferência e workshop. "Armazenamento de legumes frescos, frutas e uvas - componente importante do potencial de exportação". Strumica, 9-10 de novembro de 2009. Actas e apresentações. p. 59-67.

57. Grupo consultivo internacional sobre irradiação de alimentos, 1997. Irradiação de bolbos e tubérculos. Uma compilação de dados técnicos para a sua autorização e controlo. Estabelecido no âmbito da Agência Internacional da Energia Atómica (AEGIS) da FAO, da AIEA e da OMS. p. 7-101.

58. Jankuloski D., Martinovski Gj., Bogevska Z., 2007. Armazenamento de produtos hortícolas frescos na República da Macedónia - condições e perspectivas. Actas e apresentações "Armazenamento de produtos hortícolas frescos, frutas e flores". Skopje. 9-12.

59. Jamali L. A., Ibupoto K. A., Chattha S. H., Laghari R. B., 2012. Estudo sobre a perda de peso fisiológico em variedades de cebola durante o armazenamento. Jornal de Agricultura do Paquistão. Engenharia Agrícola e Ciências Veterinárias, 28 (1), p. 1-7.

60. Juskeviciene D., Bobinas C., 2005. Peculiaridades da produção e investigação de cebolas comestíveis na Lituânia. Actas da segunda reunião da rede internacional da cebola. 2005 Boletim de investigação sobre culturas hortícolas 62. Instituto de investigação de culturas hortícolas. Skierniewice. Polónia. p. 29-37.

61. Kader A., 1992. Tecnologia pós-colheita de culturas hortícolas. Publicação nº 3311, Universidade da Califórnia, Divisão de Agricultura e Recursos Naturais. Oakland.

62. Kahsay Y., Abay F., Belew D., 2013. Efeito do espaçamento intra-linha no prazo de validade das variedades de cebola (*Allium cepa L.*) em Aksum, norte da Etiópia. Jornal de Melhoramento de Plantas e Ciência das Culturas. Vol. 5(6), p. 127-136.

63. Kimani P. M., Kariuki J. W., Peters R., Rabinowitch H. D., 1993. Influência do ambiente no desempenho de algumas cultivares de cebola no Quénia. African Crop Science, 1(1), p. 15-23.

64. Kukanoor L., 2005. Estudos pós-colheita em cebola Cv. N-53. Tese de doutoramento. Departamento de Horticultura. Faculdade de Agricultura. Universidade de Ciências Agrícolas, Dharwad, Karnataka, Índia.

65. Kumar S., Imtiyaz M., Kumar A., 2007. Effect of differential soil moisture and nutrient regimes on postharvest attributes of onion (Allium cepa L.). Scientia Horticulturae 112. p. 121-129.

66. Kupreenko N. P., 2005. Produção, comercialização e investigação sobre a cebola (*Allium cepa* L.) na Bielorrússia. Actas da segunda reunião da rede internacional da cebola. 2005 Boletim de investigação sobre culturas hortícolas 62. Instituto de investigação de culturas hortícolas. Skierniewice. Polónia. p. 7-11.

67. Leja M., Kolton A., Kamrnska I., Wyzgolik G., Matuszak W., 2008. Alguns constituintes nutricionais em cultivares selecionadas de Allium. Folia Horticulturae. Ann. 20/2, p. 39-46.

68. Lakicevic A., 2008. Uticaj sortne specificnosti na kvantitativne i kvalitativne promene tokom Cuvanja crnog luka (Allium cepa). Specijalisticki rad. Univerzitet u Pristini. Faculdade de Ciências Politécnicas - Zubin Potok.

69. Lazic B., 1971. Uticaj mineralne ishrane, vrste setvenog materijala i sorte na dinamiku rastenja, prinos i kvalitet crnog luka, kao i na sadrzaj N, P, K i Ca. Univerzitet u Novom Sadu. Novi Sad.

70. Lazic B., Durovka M., Markovic V., Ilin Z., 1998. Povrtarstvo. Univerzitet u Novom Sadu, Poljoprivredni fakultet. str. 208.

71. Lawande K.E., 2001. Onion. National Research Centre for Onion and Garlic, Pune. Handbook of herbs and spices (Manual de ervas aromáticas e especiarias). Capítulo 21. Woodhead Publishing Limited. p. 249-259.

72. Lesic R., Borosic J., Buturac I., Custic M., Poljak M., Romic D., 2002. Povrcarstvo. Zrinski Cakovec. p. 126-129.

73. Lukasse L., Van Maldegem J., Dierkes E., Van der Voort A-J., De Kramer-Cuppen J., Van der Kolk G., 2009. Controlo ótimo do clima interior em instalações de armazenamento agrícola de batatas e cebolas. Control Engineering Practice 17. p. 1044-1052.

74. Mallor C., Sales E., 2012. Rendimento e caraterísticas de qualidade do bolbo na cultivar espanhola de cebola doce 'Fuentes de Ebro' após seleção para baixa pungência. Scientia Horticulturae 140, p. 60-65.

75. Matkovic H., 2012. Uticaj hidrazida maleinske kiseline i vremena berbe na gubitke i kvalitet crnog luka tokom cuvanja. Master rad. Megatrend Univerzitet. Fakultet za biofarming. Backa Topola. R. Srbija.

76. Matsubara S., Kimura I., 1991. Alterações do teor de ABA durante a bulbificação e a dormência e a bulbificação in vitro da planta de cebola. Journal of the Japanese Society for Horticultural Science. 59 (4), p. 757-762.

77. Maw B.W., Mullinix B.G., 2005. Perda de humidade das cebolas doces durante a cura. Postharvest Biology and Technology 35, p. 223-227.

78. Mijatovic M., Obradovic A., Ivanovic M., 2007. Zastita povrca. "Fles" Zemun. Beograd. p. 189, 190, 197, 198.

79. O'Connor D., 2005. Onion production in the United Kingdom (Produção de cebola no Reino Unido). Actas da segunda reunião da rede internacional da cebola. 2005 Vegetable crops research bulletin 62. Instituto de investigação de culturas hortícolas. Skierniewice. Polónia. p. 4955.

80. O'Donoghue E. M., Somerfield S. D., Shaw M., 2004. Evaluation of Carbohydrates in Pukekohe Longkeeper and Grano Cultivars of *Allium cepa*. Journal of Agricultural and Food Chemistry, 52, p. 5383-5390.

81. Ogata K., 1961. Estudos fisiológicos sobre o armazenamento de bolbos de cebola. Boletim da Universidade da Prefeitura de Osaka. Ser. B. Vol.11, p. 99-119.

82. Opara L. U., 2003. CEBOLAS: Operação pós-colheita. AGST/FAO. p. 2-16.

83. Patil R. S., Sood V., Garande V. K., Masalkar S. D., 2003. Study of onion storage losses

during Rangda (i.e. late Kharif) season. Agricultural Science Digest 23 (3), p. 205-207.

84. Pitrat M., Foury C., 2003. Histoires de légumes. Des origines à l'orée du XXIe siècle, INRA, Paris.

85. Praeger U., Ernst M. K., Weichmann J., 2003. Efeitos da armazenagem com oxigénio ultrabaixo na qualidade pós-colheita de bolbos de cebola (Allium cepa L. var. cepa). European Journal of Horticultural Science 68 (1), p. 14-19.

86. Qadir A., Hashinaga F., Karim M. R., 2007. Efeitos do tratamento de pré-armazenamento com etanol e CO_2 na dormência da cebola. Journal of Bio-Science 15, p. 55-62.

87. Qureshi A. A., Lawande K. E., 2006. Resposta da cebola (Allium cepa) à aplicação de enxofre para o rendimento, a qualidade e a sua capacidade de armazenamento em solos deficientes em S. Indian Journal of Agricultural Sciences 76 (9). p. 535-537.

88. Rodriguez Galdón B., Tascón Rodriguez C., Rodriguez Rodriguez E.M., Diaz Romero C., 2009. Frutanos e compostos majoritários em cultivares de cebola (Allium cepa). Journal of Food Composition and Analysis 22, p. 25-32.

89. Sabale A., Kalebere S., 2004. Comportamento de armazenamento de variedades de cebola (*Allium Cepa* L.) sob a influência do tratamento pré-colheita e pós-colheita de hidrazida maleica e carbendazim. Ata Botanica Hungarica 46 (3-4), p. 395-400.

90. Sharma K, Asninb L., Koa E. Y., Leec E. T., Parka S. W. (2015). Composição fitoquímica da cebola durante o armazenamento a longo prazo. Ata Agriculturae Scandinavica, Secção B - Ciência do Solo e das Plantas, Vol. 65, No. 2, 150-160.

91. . Shock C. C., Feibert E. B. G., Saunders L. D., 2001. Effects of onion plant damage and field heat stress on translucent scale in onion bulbs. Informações para uma agricultura sustentável. Estação Experimental de Malheur. Universidade do Estado do Oregon.

92. Simonov, D. (1980). Nekoi morfoloshki, bioloshki i hemisko-tehnoloshki svojstva na povazhnite populacii kromid (*Allium cepa L.*) vo SRM so ogled na nivnata stopanska vrednost. Dissertação de doutoramento. Faculdade de Ciências da Saúde. Universidade "Kiril i Metodij". Skopje.

93. Simonov, D. (1990). Kromid, luk, praz. "Nasa Kniga". Skopje. p. 5-72.

94. Anuário Estatístico da República da Macedónia. Serviço Nacional de Estatística. 2010-2015.

95. Suojala T., 2001. Efeito da época de colheita na perda de armazenamento e na germinação da cebola. Agricultural and Food Science in Finland. Vol. 10, p. 323-333.

96. Syed N., Munir M., Alizai A. A., Ghaffoor A., 2001. Onion shelf-life as function of the levels of nitrogen and potassium application. Rede asiática de informação científica. Jornal em linha de Ciências Biológicas 1(2), p. 71-73.

97. Terry L. A., Law K. A., Hipwood K. J., Bellamy P. H., 2005. Os perfis de hidratos de carbono não estruturais nos bolbos de cebola influenciam a preferência de sabor. Information and Technology for Sustainable Fruit and Vegetable Production . Tecnologia pós-colheita. FRUTIC 05, p. 33-40.

98. Thangasamy A., Sankar V., Lawande K. E., 2013. Efeito da nutrição com enxofre na pungência e no tempo de armazenamento da cebola de dia curto (*Allium cepa*). Jornal Indiano de Ciências Agrícolas 83 (10). p. 1086-9.

99. Toledo J., Sherman M., Huber D. J., 1984. Alguns efeitos da cultivar, tamanho do bolbo e tratamentos pré-colheita nas caraterísticas de armazenamento das cebolas do norte da Florida. Actas da Florida State Horticultural Society. 97, p. 106-108.

100. Tyson J. L., Fullerton R. A., 2004. Efeito do inóculo no solo na incidência do bolor negro da cebola (*Aspergillus niger*). Horticultural & Arable Pathology. Proteção das plantas da Nova Zelândia 57, p 138-141.

101. Ullah M. H., Huq S. M. I., Alam M. D. U., Rahman M.A., 2008. Impacto dos níveis de enxofre no rendimento, na capacidade de armazenamento e no rendimento económico da cebola. ISSN 02587122. Jornal de Investigação Agrícola do Bangladesh. 33(3), p. 539-548.

102. Wall M. M., Corgan J. N., 1994. Perdas pós-colheita decorrentes do atraso na colheita e durante o armazenamento comum de cebolas de dia curto. Hort Science 29(7): p. 802-804.

103. Welby E. M., McGregor B. M., 1993. Agricultural Export Transportation Workbook. United States Department of Agriculture e Agricultural Marketing Service.

104. Wills R. H. H., Lee T. H., Graham D., McGlasson W. B., Hall E. G., 1981. Postharvest. An introduction to the Physiology and Handling of Fruit and Vegetables. Granada. Londres.

105. Wittwer S. H., Sharma R. C., Weller L. E., Bell H. M., 1950. The effect of preharvest foliage sprays of certain growth regulators on sprout inhibition and storage quality of carrots and onions. Plant Physiology. Artigo de jornal, Michigan Agricultural Experiment Station. No. 1158. p. 539-549.

106. Wolters T. C., Langerak D. I., Curzio O. A., Croci C. A., 1990. Irradiation effect on onion keeping-quality after sea-shipment from Argentina to the Netherlands. Jornal de ciência alimentar: Uma publicação oficial do Institute of Food Technologists. 55 (4), p. 1181-1182.

107. WRB - Base Mundial de Referência para os recursos do solo, 2006. Horizontes de diagnóstico, propriedades e materiais. Capítulo 3: Base Mundial de Referência para os Recursos do Solo. FAO, ISSS-AISS-IBG, IRSIC, Roma, Itália. p. 1-128.

108. Zulfiqar M., Khan D., Bashir M., 2005. Uma avaliação das margens de comercialização e das perdas físicas em diferentes fases dos canais de comercialização de culturas hortícolas selecionadas do vale de Peshawar. ISSN 1812-5654. Rede asiática de informação científica. Jornal de Ciências Aplicadas 5(9), p. 1528-1532.

More
Books!

info@omniscriptum.com
www.omniscriptum.com
OMNIScriptum